汉译世界学术名著丛书

逻辑与演绎科学方法论导论

〔波兰〕塔尔斯基 著

周礼全 吴允曾 晏成书 译

Afred Tarski

INTRODUCTION TO LOGIC

AND TO THE

METHODOLOGY OF DEDUCTIVE SCIENCES

Revised edition 1946

Oxford University Press.

New York

Original in Polish Language

Translated by Dr. O. Helmer

From German

本书根据牛津大学出版社 1946 年校订本译出

汉译世界学术名著丛书
出 版 说 明

我馆历来重视移译世界各国学术名著。从五十年代起，更致力于翻译出版马克思主义诞生以前的古典学术著作，同时适当介绍当代具有定评的各派代表作品。幸赖著译界鼎力襄助，三十年来印行不下三百余种。我们确信只有用人类创造的全部知识财富来丰富自己的头脑，才能够建成现代化的社会主义社会。这些书籍所蕴藏的思想财富和学术价值，为学人所熟知，毋需赘述。这些译本过去以单行本印行，难见系统，汇编为丛书，才能相得益彰，蔚为大观，既便于研读查考，又利于文化积累。为此，我们从1981年至1986年先后分四辑印行了名著二百种。今后在积累单本著作的基础上将陆续以名著版印行。由于采用原纸型，译文未能重新校订，体例也不完全统一，凡是原来译本可用的序跋，都一仍其旧，个别序跋予以订正或删除。读书界完全懂得要用正确的分析态度去研读这些著作，汲取其对我有用的精华，剔除其不合时宜的糟粕，这一点也无需我们多说。希望海内外读书界、著译界给我们批评、建议，帮助我们把这套丛书出好。

商务印书馆编辑部

1987年2月

目　　录

第二部分　逻辑和方法论在构造数学理论中的应用

初版序言

根据许多门外汉的意见,数学今天已经成为一门死科学:在达到不寻常的高度发展水平以后,它已经在一种严格的完全性中僵化了。这是对情况的一种完全错误的看法。在科学研究领域中现在很少有像数学那样经历着如此剧烈的发展阶段。而且,这种发展是极其多样化的:数学领域正在向一切可能的方向伸展,它在高、宽和深三方面都在成长着。它的高度在成长着,因为在数百年来(如果不是数千年以来的话)发展的旧的理论的土壤之上,新的问题不断地发生,而其所达到的结果越来越完全。它的宽度在成长着,因为它的方法渗透到其他各种科学部门中,而其研究的范围日益囊括着越来越广泛的现象界,并且越来越多的新的理论被包括在数学学科的庞大的范域之中。最后,它的深度在成长着,因为它的基础日益坚定地被建立起来了,它的方法日益完备,它的原则日益巩固。

本书的目的就是要向那些对于现代数学有兴趣、而不会实际参与它的工作的读者们,至少在数学发展的第三个方面、即其在深度方面的成长提供一个最一般的观念。我的目的是要使读者熟悉一种名为数理逻辑学科的最重要的概念,这门学科是为了把数学建立在更坚固、更深刻的基础上创造出来的;这一个学科,虽然它的存在只有短短的一个世纪,却已经达到了高度的完全性的水平,而且在我们的知识的总和中它今天所起的作用远远超越于其原定的范围。我的目的是要表明，逻辑的一些概念渗透到数学的整体中，它把所有的专门的数学概念了解为特殊情况，并把逻辑规律恒应用于——自觉的或不自觉的——数学推理之中。最后，我试图提出构造数学理论的一些最重要的原则——这些原则也构成另外一种学科、数学方法论的主题——并指明怎样在实际上着手应用这些原则。

在这一本相当小的书的范围中，不假定读者有任何专门的数学知识或抽象的推理的任何专门的训练，要彻底地实现这全部计划是不容易的。在这一本书中，必须从头到尾力图把最大的可理解性和必要的简明性以及经常注意避免错误或从科学观点看来的粗糙的不精确性结合起来。其所用的语言必须是尽可能少地脱离日常生活的语言。必须放弃使用专门的逻辑符号，虽然这种符号是使我们把简明性和精确性结合起来，并使我们尽可能地排除含混和误解的可能性、从而在一切精细的思考中具有很大用处的极其宝贵的工具。必须把系统地处理的观念从一开始就放弃掉。在出现的很多问题之中只有少数能够详细地讨论，其他一些问题仅仅肤浅地接触到，还有一些问题则完全忽略过去了，并且我意识到，所讨论的题目的选择不可避免地表现了或多或少的任意性。对于现代科学还没有采取任何确定的态度，而是提出了许多可能的、同样正确的解答的那些事例，不可能客观地把所有已知的见解都提出来。不得不作出支持某一确定见解的决定来。当作出这种决定的时候，我是十分小心的，不是首先使之符合于个人的兴趣，而是宁取一种尽可能简单的并且适合于普通表达方式的解法。

我并不幻想我已经成功地克服了这些以及其他一些困难。

序　言

本书是我的《论数理逻辑和演绎方法》(该书1936年最初用波兰文出版,又于1937年出版了确切的德文译本——书名是《数理逻辑和数学方法论导论》)一书部分修正了的和扩充了的版本。最初写这本书,是企图把它当作一本通俗的科学著作;其目的是向受过相当教育的普通读者提供——用把科学的严格性和最大的可理解性结合起来的方式——集中于现代逻辑的强大的现代思潮的一个清楚的观念。这个思潮最初是从多少受到局限的巩固数学基础的任务发生的。可是,在现阶段它却具有远为广泛的目的。因为它试图创造出可为人类知识的整体提供一种共同基础的统一的概念工具。此外,它有助于使演绎方法完全化和敏锐化,这种演绎方法在某些科学中被当作确立真理的唯一的允许的方法,而且,的确,它至少在一切智力活动的领域内,是从被公认的假设中推导出结论来的必不可少的补助的工具。

根据对波兰文版和德文版的反应,特别是某些评论者的建议,产生了一个想法,要使这个新的版本不仅仅是一本通俗的科学著作,而且也是大学里的逻辑和演绎科学方法论的初级课程可以作为蓝本的教科书。由于在这个范围内合适的初级教科书相当缺乏,这一尝试就显得更为合适。

为了要进行这种尝试,必须在书中作某些改变。

在前几版中,把某些最基本的问题和概念完全忽略过去或仅仅略微触及,这或是由于它们比较地具有专门性,或是为了避免一些具有争论性的论点。像这样一些题目,例如:在逻辑的有系统的发展中和在日常生活的语言中某些逻辑观念的用法之间的区别,证明语句演算的规律的一般方法,语词与其名字之间的明确区别的必要性,全类和空类的概念,关系运算的基本观念,以及最后,作为各科学的一般科学的方法论概念。在这一版中,所有这些题目都讨论到了(虽然所有这些题目并非同等详尽地讨论了的),因为我似乎觉得在现代逻辑的任何一本教科书中,不谈这些题目就会造成一种根本的缺陷。因此,本书前面的几章,即概论部分或多或少地扩展了;特别是第 II 章,即专门讨论语句演算的一章包含着很多新材料。对于这几章我又补充了许多新的练习,并且增加了历史的线索的资料。

在前几版中,专门符号的应用是缩减到最低限度,而在这一版中我以为有必要使读者熟悉逻辑符号的基本知识。但是,实际上这种符号的应用仍然受到很大限制,并且大部分限定在练习中。

在前几版中,为了说明一般的和抽象的思考而引出例子的主要领域是中学数学;因为我过去和现在都认为,基本数学、特别是代数,由于它的概念的简单性及其推论方法的一致性,特别适合于例证逻辑的和方法论性质的各种基本现象。但是,在这一版,特别是在新补充的篇幅中,我经常从其他领域、特别是从日常生活中举出了一些例子。

除了这些增补以外,凡是学习者们较难以掌握的某些部分我也都重新写过了。

本书的基本面貌仍然没有改变。初版的序言(其主要部分重新发表在前面)将会为读者提供一个本书的一般性的观念。然而,也许有必要在这里很清楚地指出来读者在这本书中所找不到的是一些什么东西。

第一,本书不包括对逻辑的系统的和严格的演绎的陈述;这样一种陈述显然不在一本基本的教科书的范围之内。我原来企图在这一版中增加一章,名为*作为演绎科学的逻辑*,这一章——作为包含于第 VI 章中的一般方法论意见的一个说明——会为逻辑的某些基本部分的有系统的发展提供一个纲要。由于种种原因,这个企图未能实现;但是我希望包括在第 VI 章中的关于这个题目的几个新的练习在某种程度内将会补偿这个省略。

第二,除了两处很少的篇幅以外,这一本书没有提供关于传统的亚里士多德的逻辑的知识,并且不包含从之引申出来的材料。但是,我相信这里给予传统逻辑的篇幅是充分符合于它在现代科学中已经减低了的微小的作用的;而且我还相信我这个意见将会得到大多数现代逻辑学家的赞同。

最后,这一本书不涉及属于所谓经验科学的逻辑和方法论的任何问题。我必须说,我倾向于怀疑,作为与一般逻辑或"演绎科学的逻辑"相对立的任何特殊的"经验科学的逻辑"究竟是否存在(至少,按照"逻辑"一词在本书的用法——这就是说,它是一种学科的名称,这种学科分析一切科学所共有的一些概念的意义,并建立支配这些概念的一般规律)。但是这与其说是一个实际的问题,还不如说是一个术语的问题。总之,经验科学的方法论构成科学研究的一个重要领域。当然，逻辑的知识在这种方法论的研究中，正如在任何其他学科中的情况一样，是宝贵的。可是，必须承认直到今天逻辑概念和方法在这个领域内并未得到任何特殊的或有成效的应用。并且至少这个情况可能不仅仅是现阶段方法论研究的一个后果。可能，这是由于下述情况所引起：为了对方法论作适当的处理，必须把经验科学作为不仅仅是一种科学理论——就是说，作为按照某种规则所排列起来的确定的命题体系——而且是部分的由这样的命题和部分的由人类的活动所构成的复合物。还必须补充说，与这些经验科学本身的高度发展显著地相反，这些科学的方法论很难夸耀有相应的确定的成就——尽管已经作了很大的努力。甚至这个领域所涉及的初步概念澄清工作也还不曾进行得令人满意。因此，经验科学的方法论课程必定具有一种有别于逻辑课程的完全不同的性质，而且它必定是大部分限于对试验性的探索和失败的努力的估价和批评。由于这些和其他一些理由，对于把逻辑和经验科学方法论的讨论结合于同一个大学课程之中，我认为很少合理的根据。

关于本书及其用作大学教科书的安排方面有几点说明。

本书区分为两部分。第一部分是逻辑和演绎科学方法论的一般的导论；第二部分，借助于一个具体的例子，表明逻辑和方法论在数学理论的构造中的一种应用方式，并因而为消化和深化在第一部分中所获得的知识提供一个机会。每一章的后面都附有相当的练习。简明的历史的线索写在脚注中。

记有星标“*”的部分、甚至于整节，不论记在开始或末尾，都包含着较难的材料，或者假定读者已熟悉包含着这样的材料的其他篇章;省略掉这些部分对于本书以下一些部分的理解不会有什么妨碍。这也适用于凡在号码前记上一个星标的各个练习。

本书包含着足够全年课程用的材料。不过,它的编排也使它同样适用于半年的课程。如果把它用为哲学系的半年逻辑课的课本,我建议学习整个第一部分、包括较难的部分在内,而完全略去第二部分。如果把本书用为数学系的半年课程——例如,数学基础课——的课本,我建议学习本书的两个部分,而略去较难的部分。

无论如何,我愿意强调小心地和详尽地作好练习的重要性;因为它们不仅有助于对所讨论的概念和原则的消化,并且也还触及正文中没有机会讨论的许多问题。

如果本书对于逻辑知识的更广泛的传播有所贡献的话,我将感到很快乐。历史事件的进程已经使现代逻辑的一些最杰出的代表集中在这个国家(指美国——译者),并因而为逻辑思想的发展在这儿创造了特别有利的条件。自然,这些有利的条件可能很易于为其他更强有力的因素所抵消。显然,未来的逻辑学,像所有理论科学一样,本质上依赖于人类政治的和社会的相互关系纳入规范,因而依赖于一种超越于职业学者的控制的因素。我并不幻想逻辑思想的发展会对于人类关系的正常化过程特别起很重要的作用;但我相信,逻辑知识的广泛传播可以积极地加速这个过程。因为,一方面,由于使概念的意义在其自身范围内精确并一致起来,以及由于强调这样的精确性和一致性在任何其他领域中的必要性,逻辑就使凡是愿意很好地了解的人们都可能彼此很好地了解。并且,另一方面,由于思想工具的完全化与敏锐化,它使人们更有批判性——因而他们就不大容易为所有伪推论引入歧途，现在在世界各处他们不断有被这种伪推论引入歧途的危险。

我衷心感谢海尔麦(O. Helmer)博士的帮助，他把德文版译成了英文。我愿意对于霍夫斯塔德泰尔(A. Hofstadter)博士、克拉德尔(L. K. Krader)先生、纳盖(E. Nagel)教授、蒯恩(W. V. Quine)教授、怀特(M. G. White)先生、特别是麦克铿赛(J. C. C. McKin-sey)博士和温纳(P. P. Wiener)博士表示最热诚的感谢，当我准备英文版时，他们慷慨地提出了意见并给予帮助。我也感激阿罗(K. J. Arrow)先生，他帮助阅读了校样。

塔尔斯基

1940年9月于哈佛大学

本书是英文第一版的影印本，不可能在其中作很大的改动。不过，印错出地方已经改正了，并在细节方面作了一些改进。对于读者和评论者的有益的建议，我表示感谢，我特别感激秦(Louise H. Chin)女士，因为她帮助准备了这一版的出版。

塔尔斯基

1945年8月于加利福尼亚大学，
伯克利

第一部分　逻辑的元素，演绎方法

(I)论变项的用法

§1. 常项与变项

每一种科学理论都是许多语句组成的系统。这些语句都是被断定为真的，可以叫做定律或断定了的命题，或者，就简单地叫做命题。在数学中，这些语句都按照一些原则（在第 VI 章中将详细讨论这些原则）一个接着一个地排成确定的序列。在数学中，这些语句的正确性都要建立起来。建立语句的正确性，就叫做证明。被证明过的语句，就是我们所谓的定理。

在数学的定理与证明中出现的语词和符号，可以分为常项与变项。

例如在算术中，我们常碰到这样的语词，如“数”，“零”（“0”），“一”（“1”），“加”（“+”），……。① 这些语词都是常项。它们都有

---

① “算术”这个词，我们是用来表示数学中研究数的一般性质、数与数间的关系与数的运算的那个部分。特别是中学所讲的数学中，“算术”也常常叫做“代数”。我们在这里所以要用“算术”这个语词，是因为在高等数学中，“代数”是用来表示关于代数方程式的理论的。（在这些年来“代数”这语词又用成一个更宽的意义。它仍然是与“算术”的意义不同。）“数”这一语词在这里总是用来表示数学中的实数，这就是说，数是包括正整数、分数、有理数、无理数、正数与负数，但却不包括虚数或复数。

确定的意义，而且在运用它们的过程中，它们的意义一直不变。

在算术中，我们习惯于将单个的英文的小写字母“a”，“b”，“c”，……，“x”，“y”，“z”用作变项。同常项相反，变项本身都是没有意义的。对于下面的问题：

零是否有某一种性质？

例如：

零是一正整数吗？

我们是可以给以肯定的或否定的回答的。我们所给的答案可以对，也可以错。但是，无论如何，这些问题是有意义的。但是，相反的，下面关于 x 的问题：

x 是一正整数吗？

便是一无意义的问题，我们也不能给一有意义的回答。

在有些初等数学的教科书中，特别是较老的初等数学的教科书中，我们有时碰到一些表述，好像我们可以给这些变项以独立的意义似的。因此，就有人说：“x”，“y”，……这些符号，也指示某些数或量：“x”，“y”，……虽然不是指示“常数”（“constant numbers”）（常数是由常项如“0”，“1”所指示的），但是它们却指示那些所谓“变数”（“variable numbers”）或“变量”（“variable quantities”）。这种说法是出于一种极大的误解。“变数”x 不可能有任何确定的性质。例如，它不是正数，也不是负数，也不等于零。或者说，x 的性质是随着情形不同而变化的；有时它可以是正数，但有时又可以是负数，有时又可以等于零。这样一种东西，在我们的现实世界中根本是找不着的。这样的东西如果存在于现实世界，那将会是违背我们思想的根本规律的。因此，将符号区分为常项与变项，并不表示在数方面也可以区分为常数与变数。

§2. 包含变项的表达式——语句函项与指示函项

由于变项本身是没有意义的，所以，像

x 是一正整数

这样的一句话，也就不是语句，虽然它们具有语句的文法形式。它们并没有表示一个确定的断定。因之，我们既不能肯定它们，也不能否定它们。我们用一个表示一个确定的数的常项来代换

x 是一正整数

中的"x"，只有这时，我们才能得到一个语句。例如我们用符号"1"去代换"x"，结果得到一真语句；若用"$\frac{1}{2}$"去代换"x"，结果得到一假语句。这样的一个表达式，在这个表达式中包含有变项，同时如果用常项去代换这些变项，这个表达式便变成了一个语句——这样的一个表达式，我们将它叫做一个语句函项。这里顺便提到一下，数学家是不很喜欢用"语句函项"这个名词的，因为他们把"函项"这词用作另一个意义。他们较多地将"条件"(condition)这一语词，用成我们所说的"函项"的意义。完全由数学符号(而不由日常语言中的语词)所构成的语句函项与语句，例如，

$$x+y=5,$$

数学家常常叫它做公式。在不会引起误解的地方，我们有时将"语句函项"简单地就叫做"语句"。

在一个语句函项中的变项的作用，可以很恰当地比做填空白题目中的那些括弧所形成的空白。正如只有当空白被我们填上以

后，题目才得到一个确定的内容一样，一个语句函项只有当变项都被常项所代换以后，才变成一个语句。在一个语句函项中，用常项去代换变项——相同的变项用相同的常项去代换——其结果可以得出一个其语句；在这种情形下，我们就说，常项所表示的事物满足这个特定的语句函项。例如 1，2 与 $2\frac{1}{2}$ 这几个数满足下面这个语句函项：

$$x<3,$$

但是，3，4 与 $4\frac{1}{2}$ 这些数就不满足这个语句函项。

除了语句函项，还有别的包含变项的表达式值得我们注意，那就是指示函项或摹状函项。一个指示函项或摹状函项是这样的表达式，如果将它所包含的变项换为常项，那么，它就变成一个指示词或摹状词，例如表达式：

$$2x+1$$

便是一个指示函项，因为，如果用一个任意的数值常项（即是说，表示一个数的常项，如“2”）去代换变项“x”，我们便得一指示词（或摹状词），此指示词表示一个数（如 5）。

在算术中所见的指示函项中，包括了所有的所谓代数式，这些代数式是由变项、数值常项与四种基本算术运算的符号所构成的，例如：

$$x-y,\quad \frac{x+1}{y+2},\quad 2(x+y-z)。$$

但是，另一方面，代数方程式，即是用“＝”将两个代数式联起来而成的公式，却是语句函项。在数学中，关于方程式有一套习用的术

语。在方程式中出现的变项,叫做未知数。那些能满足这方程式的数,叫做这方程式的根。例如,在方程式:

$$x^2+6=5x$$

中,变项“x”是未知数,而数 2,3 是这方程式的根。

关于用于算术中的变项“x”,“y”,……,我们说它们代表那些表示数的指示词,或者说,数是这些变项的值。这话的大意是说:如果用表示数的常项(而不是用表示数的运算的表达式,或表示数与数之间的关系的表达式,或在算术范围之外的几何图形、动、植物等表达式)去代换一个包含“x”,“y”……这些符号的语句函项中的这些符号,那么,这个语句函项就变成语句。同样的,用于几何中的变项,是代表那些表示点与几何图形的指示词。在算术中,我们所碰见的指示函项,也可以说是代表关于数的指示词。有时,我们直接地说:“x”,“y”……这些符号,或由这些符号所构成的指示函项,是表示数或是数的指示词。但是,这只是一种省略的说法。

§3. 应用变项形成语句——全称语句与存在语句

除了用常项去代换变项以外,还有一个方法,可以使我们由一个语句函项得到一个语句。让我们来研究下列公式:

$$x+y=y+x$$

这是一个包含两个变项“x”,“y”的语句函项,任何两个任意数都可以满足这个方程式。如果我们用任何两个数值常项去代换

“x”、“y”，我们总是得到一个真的公式。我们用下面这句简单的话表示上面所说的情形：

对于任何数 x 与 y， $x+y=y+x$。

这已经不是一个语句函项，而是一个语句了，而且还是一个真语句了；它是算术中最基本的定律之一，即所谓加法的交换律。数学中的那些最重要的定理都同样是这样表示的，即一切所谓全称语句，或所谓具有普遍性质的语句，这些语句断定某个范畴中的任意事物（例如，在算术这个范畴中，任意的数）都具有一种如此如此的性质。我们必须注意的是：在表示全称语句时，“对于任何事物（或数）x，y……”这样的短语常被省略掉，而是需要我们在思想中加进去的。例如，算术的加法交换律，便只表示为下面的简单形式：

$$x+y=y+x$$

这种省略的形式，已成了大家的习惯用法，我们在以后的讨论中，一般地也要采取这种用法。

让我们研究下面这个语句函项：

$$x>y+1$$

并不是任何两个数都能满足这个公式。例如，假设我们用“3”代换“x”，用“4”代换“y”，我们便得到

$$3>4+1$$

这是一个假语句。因此，如果有人说：

对于任何数 x 与 y， $x>y+1$，

那么，虽然他说了一个假语句，然而却无疑是一个有意义的语句。但是，另一方面，也有许多对的数满足上面这个语句函项。例如，如果以“4”与“2”分别掉换“x”与“y”，便得到

$$4>2+1$$

这个真的公式。

上述这种情形——某些两个数能满足 $x>y+1$ 这个公式——，可以简单地表示如下：

有数 x 与 y，　$x>y+1$

或者用一更常采用的形式：

有数 x 与 y，使得 $x>y+1$。

上面这些表达式都是真语句，它们就是存在语句或具有存在性质的语句的例子。这种语句表示具有某某种性质的事物（如数）的存在。

应用上述方法，我们可以从任何语句函项得出语句，但是，所得出的语句是真或是假，却要根据这语句函项的内容来决定。现在用下面的例子作进一步的说明：

$$x=x+1$$

这个公式是任何数都不能满足的。因而，不论我们在它前面加上“对于任一数 x”，或加上“有一数 x”，结果所得出的语句，总是假的。

和全称语句与存在语句相对，我们将不包含任何变项的语句，例如，

$$3+2=2+3$$

叫做单称语句。我们将语句分为三类——全称语句、存在语句与单称语句——这个分类并不已经穷尽一切可能，因为有很多语句不能分属于上面三类中的任何一类。例如，像这样的语句：

对于任何数 x 与 y，有一个数 z，使得

$$x=y+z$$

这样的语句,我们叫它做条件的存在语句(以区别于前面所讲的存在语句。前面所讲的存在语句,也可以叫做绝对的存在语句)。这样的语句断定有具有某性质的数的存在,但是却根据于一个条件,即:有别的数(x, y)的存在。

§4. 全称量词与存在量词;自由变项与约束变项

下列这些短语:

对于任何 $x, y, \cdots\cdots$

与

有 $x, y, \cdots\cdots$,使得

都叫做量词。前者叫做全称量词,后者叫做存在量词。量词也可以了解为运算子。但是,有些作为运算子的表达式,却不是量词。在前一节我们已经试图说明两种量词的意义。为了表明它们的重要意义,应当着重指出:只有明显地或隐含地应用运算子,才能使一个包含有变项的表达式变为一个语句,那就是说,变为一个断定的命题。在数学定理的表述中,如果没有相应的运算子,变项的应用是不可能的。

在日常语言中,虽然可以用变项,但是,我们却不习惯于用变项。由于同一的理由,在日常语言中也不用量词。然而在日常语言中,也有一些语词,这些语词在一般用法上与量词有很密切的联

系，例如，“每一”、“所有”、“某一”、“某些”。如果我们注意到：

所有的人都是会死的

或　　有些人是聪明的

这两个日常语言中的语句分别地与下面这两个用量词的语句：

对于任何 x，如果 x 是人，那么 x 是会死的

与

有一 x，使得 x 既是人又是聪明的

具有差不多相同的意义，那么，日常语言中的“每一”、“所有”……这些语词与量词之间的联系，就很容易看出了。

为了简便起见，量词常用一些符号来代替。

我们用

$$\underset{x,y,\cdots\cdots}{\mathbf{A}}$$

来代替

对于任何事物（或数）$x,y,\cdots\cdots$。

我们用

$$\underset{x,y,\cdots\cdots}{\mathbf{E}}$$

来代替

有事物（或数）$x,y,\cdots\cdots$，使得：

按照这规定，例如，前一节末我们所举的那个条件的存在语句，就可以用下面的形式来表示：

(I)　$$\underset{x,y}{\mathbf{A}}\left[\underset{z}{\mathbf{E}}(x=y+z)\right]$$

（用“$\underset{x,y}{\mathbf{A}}$”代替“对于任何数 x,y”，用“$\underset{z}{\mathbf{E}}$”代替“有一数 z”，并将在量词后的语句函项放在括弧内。）

如果我们在一个包含变项“x”,“y”,“z”……的语句函项前面,加上一个或几个运算子,而这一个或几个运算子,又包含了所有这些变项,那么,这个语句函项便自动地变成了一个语句。但是,如果在这一个或几个运算子中,没有包含所有的变项,那么,这个语句函项,还仍然是一个语句函项,而没有变成一个语句。例如,将下面

对于任何数 x、y、z,

有数 x、y、z,使得,

对于任何数 x 与 y,有一数 z,使得,

以及等等这样的短语中的任一个短语加在

$$x = y + z$$

的前面,那么,就得到一个语句了。但是,如果我们在 $x = y + z$ 前面仅仅加上:

有一数 z,使得:或 $\mathbf{E}_{z}$

那么,我们还并不能得到一语句;而我们所得出的那个表达式,即:

$$\text{(II)} \qquad \mathbf{E}_{z}(x = y + z)$$

无疑是一个语句函项,因为如果我们用两个常项去替换上面公式中的 x、y,而 z 仍维持原样不动,或者,在上面公式前面加上

对于任何 x 与 y,或 $\mathbf{A}_{x,y}$,

那么,上面那个公式就变成了一个语句。

由此,我们知道,在一个语句函项中所可能出现的变项,可以分别成两种。第一种变项——可以叫做**自由变项或真变项**——它在这个语句函项中的出现是肯定这个表达式是一个语句函项而不是一个语句的决定性因素。为了要使这个语句函项变成语句,就

必须将这些自由变项换为常项，或在这个语句函项前面，加上包含这些自由变项的运算子。其余的变项，叫做**约束变项**或**假变项**，约束变项在一个语句函项转变为一个语句中是不变的。例如，在上面(II)那个语句函项中，“x”“y”是自由变项；“z”出现两次，是一个约束变项。又例如，上面的(I)却是一个语句，它包含的变项，都是约束变项。

*在某一语句函项中出现的变项，究竟是自由变项还是约束变项，这完全决定于这个语句函项的结构，即是说，完全决定于运算子的出现与出现的位置。这点由一个具体例子来看，最容易明白。让我们来研究下面这个语句函项：

(III)　　对于任何数 x，如果 $x=0$ 或 $y\neq 0$，那么，有一个数 z，使得 $x=y\cdot z$。

在这个函项前面，有一个包含变项“x”的全称量词，因此，在这个函项中出现了三次的“x”，在它出现的任何位置上，都是一个约束变项。第一次出现的“x”是在全称量词内，而成为量词的组成部分。第二、第三次出现的“x”，都是被量项约束着。“z”的情形也相类似。因为，虽然(III)的第一个量词中没有包含“z”这个变项，然而，我们可以找出一个语句函项，这个语句函项是(III)的一个组成部分，同时，前面又有一个包含“z”的存在量词。即是；

(IV)　　有一个数 z，使得 $x=y\cdot z$。

(IV)是(III)的一个部分，而“z”在(III)出现时，都出现在(IV)这个部分中。因为这个道理，我们说，“z”在(III)中的任何地方，都是作为一个约束变项出现。“z”在(III)中第一次出现，是在存在量词中，是存在量词的一个部分；“z”第二次出现，是被存在量词约束着。

在(III)中还出现一个变项“y”,而(III)中却没有包含“y”的量词,因而,“y”在(III)中是作为一个自由变项出现两次。

量词能约束变项(这就是说,量词能将在它后面的语句函项中的自由变项变成约束变项),构成量词的一个最本质的性质。我们知道,有许多别的表达式也有与量词同样的性质。它们中的某一些,我们将在§20与§22中讲到;其他一些,例如积分符号,在高等数学中起着重要的作用。“运算子”是一个一般的名词,用来表示一切具有这类性质的表达式。*

§5. 变项在数学中的重要性

由§3里我们已知道,变项在表示数学定理方面是起着重要的作用。然而,并不因此就可得出:不用变项在原则上便不可能表示数学定理。但是,在实际的数学工作中,不用变项,就很难做到。因为,如果不用变项,就是比较简单的语句,都得用一个复杂而难懂的形式。我们用下面这个算术定理来作说明:

对于任何数 x 与 y,　$x^3-y^3=(x-y)\cdot(x^3+xy+y^2)$

这个数学定理,如果不用变项,便只得这样说:

任何两数的三次幂的差,等于此两数之差乘下列三项之积之和:(1)第一数的二次幂,(2)第一第二数之积,(3)第二数之二次幂。

从思维经济的观点来看,在数学的证明方面,变项更是重要。读者如果尝试一下,将本书以后所讲到的任何证明中的变项去掉,他便会相信我的话了。还必须指出，在本书下文中所可能遇到的证明，比高等数学各个领域中的一般证明，要简单得多。要想作出高等数学中的证明而不借助于变项，将会遭遇非常大的困难。还应当指出：由于变项的引用，我们才发展了一种如方程式方法这样非常有效的解决数学问题的方法。可以毫不夸大地说，变项的发明，是数学史上的一个转捩点。由于用变项，人类获得了一个工具，这个工具，为数学科学的巨大发展与其逻辑基础的巩固铺平了道路。①

练　习

1. 在下列表达式中，哪些是语句函项？哪些是指示函项？

(a) x 是能被 3 除尽的；

(b) 数 x 与 2 之和；

(c) y^2-z^2；

(d) $y^2=z^2$；

(e) $x+2<y+3$；

(f) $(x+3)-(y+5)$；

(g) x 与 z 的母亲；

① 在古代，希腊数学家与逻辑家就已经应用了变项，虽然只是在特殊的情况与很少的场合应用了它。在十七世纪初年，主要由于法国数学家维他的影响，人们才开始系统地、一致地应用变项，将变项应用到数学的研究上去。然而，直到十九世纪末年，由于量词这个概念的引用，变项在科学语言方面，特别在数学理论的表述方面的功用，才被人们完全认识，这主要应归功于杰出的美国逻辑家与哲学家皮尔斯。

(h) x 是 z 的母亲。

2.从几何学的范围内,举出几个语句函项与指示函项的例子。

3.算术中只包含一个变项(但这个变项在一特定语句函项中可以出现于几个不同的地方)的语句函项,可以分成三类:(i)任何数都满足它的函项,(ii)任何数都不满足它的函项,(iii)有些数满足它,但其他的数却不满足它的函项。指出下面的语句函项属于哪一类:

(a) $x+2=5+x$;

(b) $x^2=49$;

(c) $(y+2)\cdot(y-2)<y^2$;

(d) $y+24>36$;

(e) $z=0$ 或 $z<0$ 或 $z>0$;

(f) $z+24>z+36$。

4.从算术范围内,举出关于全称定理、绝对的存在定理与条件的存在定理的例子。

5.在语句函项

$$x>y$$

前面,加上包含"x"与"y"的量词,便可以由此得出各种语句,如:

对于任何数 x 与 y,$x>y$;

对于任何数 x,有一数 y,使得:$x>y$;

有一数 y,使得:对于任何数 x,$x>y$。

一共有六个可能情形,请一一表示出来,并指出它们中间哪些是真的。

6.像第5题一样,在语句函项

$$x+y^2>1$$

与

$$x\text{ 是 }y\text{ 的父亲}$$

前面，加上各种量词，并指出哪些是真的（假定后一语句函项中的"x"与"y"代表人名）。

7. 写出一个与下列语句有相同意义的日常语句，并且不包含量词或变项：

对于任何 x，如果 x 是狗，那么，x 有一个很好的嗅觉。

8. 用量词与变项作出一个语句，这个语句与下一语句有相同的意义：

有些蛇是有毒的。

9. 在下列各表达式中，分别哪些是自由变项，哪些是约束变项：

(a) x 是能被 y 除尽的；

(b) 对于任何 x，　$x-y=x+(-y)$；

(c) 如果 $x<y$，那么，有一数 z，使得：

$$x<y\text{ 与 }y<z;$$

(d) 对于任何数 y，如果 $y>0$，那么，有一数 z，使得：$x=y\cdot z$；

(e) 如果 $x=y^2$ 与 $y>0$，那么，对于任何数 z，$x>-z^2$；

(f) 如果有一数 y，使得 $x>y^2$，那么，对于任何数 z，$x>-z^2$。

再用§4里的符号代换上面表达式中的量词。

*10. 如果将在9题(e)那个语句函项中两次出现的"z"换为"y"，我们便得到一个表达式，在这个表达式中的某个地位，"y"是作为自由变项出现，在另一个地位，"y"又作为约束变项出现。请指出

“y”在哪个地位是自由变项，在哪个地位又是约束变项，理由为何？

（在一表达式中，同一个变项在有些地位上是约束变项，在另一些地位上又是自由变项，运算起来便感觉困难；有些逻辑家有见于此，便避免用这样的表达式，并且不将这种表达式看作语句函项。）

*11.试作一个比较普遍的说明：在什么条件下，一个变项在一给出的语句函项中的某一地位作为自由变项或约束变项而出现。

12.指出哪些数满足下面的语句函项：

有一数 y，使得 $x=y^2$，

哪些数满足下面的语句函项：

有一数 y，使得 $x\cdot y=1$。

（Ⅱ）　论语句演算

§6.逻辑常项；旧逻辑与新逻辑

每一门科学中所需要应用的常项，可以分为两种。第一种常项，就是某门科学所特有的语词。例如，算术中指示个别的数、数的类、数与数间的关系或数的运算等等的那些语词，都是属于第一种常项。在§1中作为例子的那些常项，便是属于第一种常项。另一方面，还有一些在绝大多数的算术语句中都出现的，具有非常普遍的性质的语词，这些语词我们无论在日常语言中以及在一切科学领域中都会遇到它们，它们是传达人类思想与在任何领域中进行推论所不可缺少的工具,例如,“不”,“与”,“或”,“是”,“每一”,“有些”……;这些语词都属于第二种常项。于是,就有一门被认为是各门科学的基础的学问,即是逻辑。逻辑这门学问是要建立第二种语词的确切意义,并制订这些语词的最普遍的定律。

逻辑很早就发展成一门独立的科学,甚至于此算术和几何都要早。经过一个几乎是完全停滞的长时期,这门学问直到最近才开始一个巨大的发展;在这个发展过程中,它经历了一种彻底的转变而成为一门具有与数学类似的性质的学问。这种转变后的新逻辑,就是所谓数理逻辑,或演绎逻辑,或符号逻辑;有时我们也叫它做逻辑斯蒂(logistic)。新逻辑在很多方面都超过旧逻辑,这不仅是由于新逻辑的基础的结实与所用的方法的完善,而且主要地是由于新逻辑所建立起来的丰富的概念与定理。从根本上说,旧的传统逻辑只是新逻辑中的一个片断部分,而且这个部分,从其他科学,特别是从数学方面的要求看,是完全不重要的。因此,由于本书的目的所在,在本书的整个篇幅中将很少有机会来讨论传统逻辑方面的问题。①

---

① 逻辑是纪元前四世纪希腊大思想家亚里士多德(Aristotle)创立的;亚里士多德的逻辑著作,都收集在《工具论》(*Organon*)一书中。但是,数理逻辑的创立入,应该被认为是十七世纪的德国哲学家与大数学家莱布尼兹。然而莱布尼兹的逻辑著作并没有能对于逻辑研究的进一步发展产生影响,有一个时期莱布尼兹的逻辑著作甚至湮没无闻。数理逻辑的继续发展,只是在十九世纪中叶,即英国数学家布尔的逻辑系统发表的时候才开始,他的主要著作是:《思想规律的研究》(*An Investigation of the Laws of Thought*,1854年伦敦初版)。到现在止,怀特海(A. N. Whitehead)与罗素的划时代的著作《数学原理》(*Principia Mathematica*,1910—1913剑桥初版)仍是新逻辑学的最完善的表现。

§7. 语句演算；语句的否定，合取式与析取式

在具有逻辑性质的语词中，有一小组重要的语词，包括“不”、“而且”、“或”、“如果……，那么……”这样的语词。在日常语言中，我们就很熟悉这些语词，我们应用这些语词从简单语句构成复杂语句。在文法上，它们被归属于所谓语句联词。仅仅就这一个文法的性质说，这些语词的出现并不体现出一门专门科学的特殊性质。建立这些语词的意义与用法，是逻辑的一个最初步的，也是最基本的部分的工作——这个部分就是语句演算，有时也叫做命题演算，或不太恰当地，叫做演绎理论。[1]

现在我们要讨论语句演算中的那些最重要的语词的意义。

借助于“不”这个字，我们可以形成任何语句的否定式。两个语句如果其中的一个语句是另一个语句的否定，这两个语句就叫做互相矛盾的语句。在语句演算中，“不”字是放在整个语句前面的，但在日常语言中，“不”字通常是放在动词前面。在英文的日常语言中，如果需要将“不”这个语词放在一个语句的前面，就需要用“这并不是：”(it is not the case that)这个短语来代替“不”这个语词。例如：

1是一正整数。

① 历史上第一个语句演算系统，出现于德国逻辑家弗莱格 G. Frege，1848—1925)氏的著作：《概念符号系统》(*Begriffsschrift*)中。弗莱格无疑地是十九世纪最伟大的逻辑学家。当代杰出的波兰逻辑家与逻辑史家路加西维契(J. Lukasiewicz)，又成功地给予语句演算一个特别简单，精确的形式，引起了对语句演算的广泛研究。

这个语句的否定就是：

1不是一正整数，

或

这并不是：1是一正整数。

在任何时候，我们说出一个语句的否定，我们的意思是表示：这个语句是假的。如果这个语句事实上是假的，那么，这个语句的否定便是真的；如果这语句事实上是真的，那么，这语句的否定便是假的。

用“而且”这个词将两个或两个以上的语句联合起来，结果便形成了一个合取式或逻辑积；被联合在合取式中的那些语句，叫做合取式的元素(member)，或叫做逻辑积的因子(factor)。例如：如果将下面两个语句

2是一正整数

与

2<3

这样联合起来，便得出下面这个合取式：

2是一正整数，而且2<3。

断定两个语句所构成的合取式，就等于断定这两个语句都是真的。如果事实上这两个语句都是真的，那么，这个合取式便是真的；但是，只要这两语句中至少有一个语句是假的，那么，这个合取式便是假的。

用“或”字将两个或两个以上的语句联合起来，便得出一个这些语句的析取式，后者也叫做逻辑和。构成析取式的那些语句，叫做析取式的元素或叫做逻辑和的被加项(summand)。“或”字在

日常语言中至少有两个不同的意义，一个是可兼的“或”，另一个不可兼的“或”。如果“或”字用成可兼的意义，那么，两个语句的析取式，只表示这两个语句中至少有一个语句真，而对于这两个语句是否能同真，没有任何表示。如果“或”用成另一个意义，即用成不可兼的意义，那么，两个语句的析取式是断定：这两个语句中之一是真的，而另一个是假的。假定我们在书店里看到一个通告：

教师或大学学生可以享受特别的减价优待。

这里“或”这个语词无疑地是用成第一个意义，因为这个通告并不想表示：是教师同时又是大学学生的人不能享受减价优待。另一方面，如果一个小孩子要求上午带他去散步，下午带他去看戏，而我们这样答复他：

不，我们去散步或者我们去看戏。

这里的“或”这个语词，很显然是用成第二个意义，因为我们只想答应他的两个请求中的一个。在逻辑与数学中，“或”这个语词总是用成第一个意义，即是可兼的意义。因之一个两个语句的析取式，如果两个语句或至少其中一个语句是真的，这个析取式就被认为是真的。如果两个语句都是假的，那么，这个析取式才是假的。例如，虽然我们知道有些数既是正数又小于3，我们仍然可以断定：

每一个数都是正数或小于3。

为了避免误解，在日常语言和在科学语言中一样，我们最好将“或”这个语词用成第一个意义，而当我们想要表示第二个意义时，使用“或者……或者”这个方式，这样是会有许多便利的。

* 即使我们将“或”这个语词限制到可兼的意义，日常语言中的“或”的用法与逻辑中的“或”的用法还有很大的差别。在日常语

言中，用“或”这个语词联合起来的两个语句，总在形式上与内容上有某种联系。（“与”这个语词的用法也是如此，不过程度较轻罢了。）这种联系的性质究竟如何，是并不很清楚的。对于这种联系要作一个详细的分析与说明，将会碰到相当大的困难。无论如何，不熟悉现代逻辑语言的人，很难认为下面这样的语句

2·2=5 或纽约是一大城

是一个有意义的表达式，当然更不会认为它是一句真语句。在日常的英文语言中，“或”字的用法是受了一些心理因素的影响的。在通常情形下，只有当我们相信在两语句中有一个是真的，而不知道哪一个是真的时候，我们才断定这两个语句的析取式。假如我们在正常的光线之下看一片草地，我们就不会说：这片草地是绿色的或是蓝色的。因为我们能够说一句更简单也更确定的话，即是：这草地是绿色的。有时甚至我们认为：一个人如果说了一个析取式，这就表示这个人承认他不知道析取式中哪一个元素是真的。假如我们后来发觉，这个人说那个析取式时明知道其中一个——特别是如果他明知道哪一个——元素是假的，那么，即使这个析取式中的其他元素是真的，我们仍然会认为这个析取式是假的。让我们设想，我们问一个朋友：你什么时候离开？他说：今天或者明天或者后天。假使我们以后发觉，他在说这句话时，就已经决定了要当天离开，我们大半会认为，他是故意欺弄我们，他说了一句谎话。

现代逻辑的创立者们在把“或”这个语词引入他们的研究领域中时，（也许是不自觉地）要求简化“或”的意义，使它变得更清楚些，并且独立于一切心理因素，尤其是独立于认识的存在或不存

在。结果，他们便将“或”的用法放宽了，即使两个语句在形式上或内容上没有联系，他们认为，这两个语句所构成的析取式还是一个有意义的整体。因此，近代逻辑家使一个析取式的真假——和一个否定式或合取式的真假一样——仅仅决定于这个析取式所包含的元素的真假。因此，我们如果从现代逻辑所给予“或”的意义来看，那么，下列表达式：

2·2=5 或纽约是一个大城市

就是一个有意义的语句而且是一个真的语句，因为这个析取式的第二个元素确是真的。同样，假如我们的朋友在答复他何时离开这个问题时，他所用的“或”字也是严格的逻辑意义下的“或”，那么，我们必须认为他的答复是真的，不管我们对他的动机有如何想法。*

§8. 蕴函式或条件语句；实质蕴函

如果我们用“如果……，那么，”将两个语句联接起来，我们就得到一个复合语句，这个复合语句，就叫做一个蕴函式或条件语句。“如果”所引导的那个附属子句，叫做前件(antecedent)，“那么”所引导的那个主要子句，叫做后件(consequent)。我们断定一个蕴函式时，我们就是断定：前件真而后件假这样情况是没有的。因之，在下列三个情形的任一情形下：

(1)前件与后件都真，

(2)前件假而后件真，

(3)前件与后件都假，

一个蕴函式都是真的。只有在第四个可能的情形下，即前件真而后件假，整个的蕴函式才是假的。由此可以得出：如果一个人承认一个蕴函式是真的，同时又承认这个蕴函式的前件是真的，那么，他就必得承认这个蕴函式的后件是真的；并且，如果一个人承认一个蕴函式是真的，且又否定这个蕴函式的后件，认为它是假的，那么，他就必得否定这个蕴函式的前件，认为它是假的。

* 同析取式的情形一样，逻辑中的蕴函式的用法与日常语言中的蕴函式的用法有相当大的差别。在日常语言中，只有当两个语句有某种形式与内容上的联系时，我们才用"如果……那么……"把这两个语句连接起来。我们很难一般地说明这究竟是一种什么联系，只在有些情形下，这种联系的性质才比较明显。这种联系常常和某种确信结合在一起，这个确信就是：后件必然可以由前件而推出，也就是说，如果我们假定前件是真，我们就会不得不假定后件也是真（甚至可能确信，我们可以根据某种普遍定律从前件中把后件推出来，虽然这个普遍定律我们不一定能明确地说得出来）。同样，在这里也表现出一个外加的心理的因素；通常的情形是：只有当我们对前件和后件是否真没有确切的认识时，我们才作出或断定一个蕴函式；否则，用一个蕴函式似乎就很不自然，并且会引起人怀疑到它的意义和真实性。

下面的例子可以作为一个说明。让我们来考虑下面这个物理定律：

一切金属都是有延展性的。

让我们用包含变项的蕴函式将这个定律表示如下：

如果 x 是金属，那么，x 就是有延展性的。

我们如果相信这个普遍规律是真的，我们也就相信这普遍定律的特殊例证也是真的，即是说，也就相信，用表示任何物质如铁、粘土、木头的语词去代换 x 而得出的蕴函式也是真的。用铁、粘土、木头代换上面那个普遍规律中的 x，便得到下面的语句：

如果铁是金属，那么，铁是有延展性的，

如果粘土是金属，那么，粘土是有延展性的，

如果木头是金属，那么，木头是有延展性的。

而事实上也的确是，这样代换所得的语句，都满足了一个真的蕴函式所要求的条件，即：没有前件真而后件假的情形。此外，我们还可以注意到：这些语句中的前件与后件之间有一种密切的联系，这个联系的形式的表现就是前件的主词与后件的主词是同一的。并且我们还确信：如果假定这些蕴函式中的任何一个蕴函式的前件，例如，铁是金属，是真的，我们就可从这个前件推出它的后件，例如，铁是有延展性的，因为我们可以诉诸于这样一个普遍的规律即一切金属都是有延展性的。

但是，虽然这样，上面所谈的语句中有几个语句，从日常语言的观点看来，似乎是不自然并且可疑的。对于上面那个普遍的蕴函式，或对于用某些语词，（这些语词所表示的东西是金属与否，或有延展性与否，我们根本不知道，）去代换那个普遍蕴函式中的"x"而得出的语句，我们不会觉得它不自然或可疑。但是，如果我们用"铁"去代换"x"，我们得出一个语句，它的前件与后件我们都知道是真的；在这种情形下，我们就不会去用一个蕴函式，而喜欢用下面这个表达式：

因为铁是金属，所以铁是有延展性的。

同样，如果用“粘土”去代换“x”，我们得出一个前件假而后件真的蕴函式；在这种情形下，我们也不会去用一个蕴函式，而会说：

虽然粘土不是金属，它却是有延展性的。

最后，如果我们用“木头”去代换“x”，结果得出一个前件与后件都假的蕴函式；在这种情形下，如果我们还想保持“如果……那么……”这个蕴函式的形式的话，我们就会要改变动词的语气，说成：

如果木头竟是金属，那么木头将该是有延展性的了。

但是，由于考虑到科学语言的种种要求，逻辑学家对于“如果……那么……”这个短语采取了和他们对“或”这个语词所采取的同一态度。他们决定简化并且明确“如果……那么……”的意义，并使“如果……那么……”摆脱种种心理的因素。为此，他们放宽了“如果……那么……”的用法；即使一个蕴函式的前件与后件没有任何联系，他们仍把这个蕴函式看作是一个有意义的语句；同时，他们使一个蕴函式的真假完全决定于它的前件与后件的真假。这种蕴函式，就是当代逻辑中所谓的**实质蕴函**（implication in material meaning 或 material implication）。实质蕴函不同于**形式蕴函**（implication in formal meaning 或 formal implication）；保证形式蕴函有意义与真实的必要条件，是前件与后件之间有某种形式上的联系。形式蕴函这个概念并不十分清楚；但是，无论如何，形式蕴函这个概念要比实质蕴函这个概念狭窄；也就是说，任何一个有意义的而且真的形式蕴函必然同时是一个有意义的而且真的实质蕴函，但是，任何一个有意义的而且真的实质蕴函不必同时是一个有意义的而且真的形式蕴函。

为了要说明上面的道理，我们现在来研究下列四个语句：

如果 2·2=4，那么，纽约是一大城市。

如果 2·2=5，那么，纽约是一大城市。

如果 2·2=4，那么，纽约是一小城市。

如果 2·2=5，那么，纽约是一小城市。

在日常语言中，这些语句很难被认为是有意义的，更不会认为是真的语句。但是，另一方面，从数理逻辑的观点看，这些语句却都是有意义的语句，并且除了第三句是假的以外，其余都是真的语句。当然，我们这样说并不等于说上面这样一些语句从任何观点看，都是特别恰当的，或我们会去用它们来作我们论证的前提。

把上面所说明的日常语言与逻辑语言之间的差别看作是绝对的，并且把上面所描述的我们在日常语言中应用“如果……那么……”时的种种常规看作绝无例外，这也是一种错误。事实上，日常语言中“如果……那么……”的用法是相当灵活的。如果我们仔细考查一下，我们就会发现在许多情形下“如果……那么……”的用法，同我们上面所说的常规并不一致。让我们设想我们的一个朋友碰到一个非常困难的问题，而且我们相信，他决不能解决这个问题，于是，我们便会用开玩笑的口气说：

如果你解决了这个问题，我就吃掉我的帽子。

这句话的用意是很明显的。这里我们断定了一个蕴函式，它的后件无疑地是假的；因此，既然我们断定整个蕴函式为真，我们也就同时断定前件是假。即是说，我们用这个蕴函式来表示一种确信：我们的朋友将不能解决他所面临的困难问题。很清楚，这里这个蕴函式的前件与后件并没有任何联系。因之，这是一个实质蕴函的典型例子而不是一个形式蕴函。

关于“如果……那么……”在日常语言中与在数理逻辑中用法的差别，曾经引起冗长的甚至动情感的辩论。附带说一句，职业逻辑家在这个辩论中，却只表演了一个次要的角色[①]。（很奇怪，关于“或”的用法的分歧却比较很少为人注意。）有人提出意见说，由于引用了实质蕴函，逻辑家得出了许多悖论，甚至得出了许多纯粹的胡说。因此，就有一种改造逻辑的呼声，要求使逻辑与日常语言关于蕴函式的用法能有更大的接近。

我们很难认为上面这种对近代逻辑中的蕴函式的批评，有什么充分的根据。在日常语言中，没有一个语词是有严格确定的意义的。很难找出两个人在完全相同的意义上用同一个语词，即使在同一个人的语言中，在他生活的不同时期，一个语词的意义也有所变化。并且，在日常语言中，一个字的意义常常是非常复杂的；一个语词的意义，不仅依据于这个语词的外表形式，还依据于说这个语词时的环境，有时甚至依据于主观的心理因素。如果一个科学家要引用一个日常语言中的概念到科学中去，并且要建立关于这个概念的普遍规律，他就必须使这个概念的内容更清楚、更确切、更简单，使这个概念能去

---

① 这是有趣的事情，关于蕴函的讨论，在古代就已开始。希腊哲学家费罗（Philo of Megara，纪元前四世纪）在逻辑史上大概是第一个传播了实质蕴函的用法的人。这个主张和他的老师克朗纳斯（Diodorus Cronus）是对立的；克朗纳斯主张把蕴函用成较狭的意义，后者与我们前面所讲的形式蕴函比较接近。稍后，到了纪元前第三世纪，——可能是受了费罗的影响，——希腊的斯多噶学派（Stoic School）的哲学家与逻辑家们又讨论了许多种可能的关于蕴函的概念（在他们的著作中我们可以看到语句演算的最早开端）。

掉那些不相干的性质。逻辑家引用"如果……那么……"到逻辑中去,是这样的态度,物理学家引用"金属"这个语词到物理学中去,也是这样的态度。因此,不论一个科学家用什么方法来完成这个任务,为他所规定的语词用法与日常语言中的用法,多少总会有些出入。如果一个科学家明确地表示他将一个语词用成什么意义,同时,如果他又一贯地遵照他所决定的用法,那么,就没有人能加以反对,说他的做法会导致无意义的结果。

然而,也有些逻辑家,注意到关于蕴函的争论,于是进行修改蕴函的理论。一般地说,他们并不否认实质蕴函在逻辑学中的地位,而是竭力想在逻辑学中为另外一种蕴函的概念找寻一个地位;例如,他们竭力想建立这样一种蕴函式,即:从前件推出后件的可能性,乃是一个蕴函式之为真的必要条件。甚至,他们要求把这个新概念放在首要的地位。这些尝试都还是较近的事情,目前要对它们作一个最后的评价,还嫌太早。① 但是,实质蕴函在简便方面必定超过任何其他的蕴函理论,这一点在今天几乎已经成为定论。而且,我们必须记住:正是建筑在这个简单的实质蕴函上面的逻辑学,已经证明是最复杂精细的数学推理的满意的基础。*

§9. 蕴函式在数学中的应用

"如果……那么……"是在其他科学中,特别是在数学中被经常应用的逻辑表达式之一。数学定理,尤其是具普遍性质的数学

---

① 第一个作这种尝试的人,是当代的美国哲学家与逻辑学家路易士(Lewis)。

定理，总是应用蕴函式的形式。在数学中，前件被称之为假设，后件被称之为结论。

作为一个具有蕴函形式的数学定理的简单例子，我们可以举下面这个语句：

如果 x 是一个正数，那么，$2x$ 是一个正数。

在这个语句中，“x 是一正数”是假设，而“2x 是一正数”是结论。

除了这个所谓数学定理的经典形式以外，在数学中，有时候也应用种种别的表示形式，不用“如果……那么……”而用其他方式将假设与结论联结起来。例如，上面那个数学定理就可以用下列这些另外的形式来表示：

由：x 是一个正数，推出：$2x$ 是一个正数；

x 是一个正数这个假设，蕴函一个结论或具有一个结论作为后件，即：$2x$ 是一个正数；

x 是一个正数这个条件，对于 $2x$ 是一个正数说，是充分的；

对于 $2x$ 是一个正数说，x 是一个正数是充分的；

$2x$ 是一个正数这个条件，对于 x 是一个正数说，是必要的；

对于 x 是一个正数说，$2x$ 是一个正数是必要的。

因此常常我们不述说一个条件语句，而说：这个假设蕴函这个结论，或者说，这个假设，作为它的后件，具有这个结论，或者说，这个假设是这个结论的充分条件，或者说，这个结论从这个假设中推出，或者说，这个结论是这个假设的必要条件。对于上面的某些表达方式，逻辑学家也许会提出反对意见，但是，它们在数学中是被普遍应用的。

* 这些可能的反对意见所涉及的是那些包含像“假设”、“结

论”、“后件”、“推出”、“蕴函”等等任何这些语词的表述。

要了解这些反对意见的要点，首先我们要注意到，上面那些表述与原来的那个表述在内容上是不相同的。在原来的表述中，我们所谈到的只是数、数的性质、数的运算等等：因而，我们所谈到的是数学所涉及的事物。但是，在上面那些表述中，我们却谈到了假设、结论、条件，而假设、结论与条件却是关系到在数学中出现的语句或语句函项的。这里我们应当注意：指示一门科学所研究的事物的那些语词，与指示一门科学中的各种表达式的那些语词，是有区别的。但是，人们一般地都没有将这二者分别清楚。在数学，尤其是在基本数学中，便可看到这种情形。很少人认识到这个事实，在初等代数的教科书里到处碰到的语词，如“等式”、“不等式”、“多项式”或“代数分式”，严格说来，是不属于数学或逻辑的范围的，因为，这些语词并不指示数学或逻辑所研究的事物：等式与不等式是一些特殊的语句函项，而多项式与代数分式——尤其是在基本数学教科书中——都是指示函项的特殊例子（参看§2）。这种混乱的产生，是由于我们常常应用这一类语词去表述数学定理。这已经成为非常普通的用法，也许我们无须去反对它，因为这并不会引起任何特殊的困难或错误。但是，我们却应当了解：相应于每一个应用这些语词所表述的数学定理，我们都可以有另一个在逻辑上更正确的表述方式，在后者中根本不出现上面那些语词。例如，相应于下面这个数学定理：

等式 $x^2+ax+b=0$，至多只有两个根

我们可以有下面这个更正确的表述方式：

最多有两个数 x，使得 $x^2+ax+b=0$。

现在，回到上面那些成问题的关于蕴函的表述方式，我们必须强调指出更为重要的一点。即：在这些表述中，我们断定：一个语句（即蕴函式的前件）以另一个语句（即蕴函式的后件）为它的结论，或者说。后一个语句从前一个语句推出。但是，当我们这样表示的时候，通常我们心里总有这样一个思想：假定第一个语句是真，就必然要使我们肯定第二个语句是真（并且很可能有这样一个思想，即我们甚至能从第一个语句中得出第二个语句）。但是，如在§8我们所已经知道的，在现代逻辑所规定的意义中，蕴函并不依据于前件与后件之间是否有那样一种联系。现代逻辑认为：

如果2·2=4，那么，纽约是一个大城市

是一个有意义的、甚至是一个真的语句；对这一点感到惊异的人，必定会更难于接受

2·2=4这个假设，具有一个结论，即，纽约是一个大城市

这样一个语句了。因此，我们看到，上面所举的那些表述（或变换）一个条件语句（即蕴函式）的方式，会引导出令人感到荒谬的说法，并从而更加深了日常语言与数理逻辑之间的距离。正是由于这个原因，因此上面那些表述方式不断地引起各种各样的误解，而成为那些激烈的，往往是无结果的争论的根源之一。

从纯粹逻辑的观点看，很明显，我们能够避免这里所说的一切反对意见，只要我们明白确定地说明：我们用上面那些表述方式时，我们不考虑它们的日常意义，而只给予它们以现代逻辑中蕴函式所具有的那样的意义。但是，这样做，又会有另一方面的不方便；因为，在有些场合中——虽然不是在逻辑本身，但是在一个与逻辑密切相关的领域中，即在演绎科学的方法论中（参看第VI章）——我

们要讲到语句以及语句与语句之间的推理关系。那时候我们要把“蕴函”、“推出”等词用成一种不同的,比较更近似于日常语言的意义。因此,最好还是根本避免应用上面那些表述方式,特别是因为我们拥有许多其他不会遭受反对的表述方式可以供我们应用。*

§10. 语句的等值式

现在我们来研究语句演算范围中的另一个表达式。这个表达式就是“如果,而且仅仅如果”(或作:“当且仅当”——译者)。它在日常语言中比较地不常见。如果任何两个语句被这个表达式所联接起来,结果便得出一个复合语句。这个复合语句,就叫做等值式。等值式中的两个语句,分别地叫做等值式的左方与右方。当我们断定一个由两个语句构成的等值式时,我们的意思是要排除这种可能性,即:它们之中的一个真而另一个假。因之,如果一个等值式中的左方与右方都是真的,或都是假的,那么,这个等值式便是真的,否则,这个等值式便是假的。

我们还可以用另一个方式来表述等值式的意义。在一个条件语句中,如果我们把前件与后件互相调换,我们得出一个新语句;这个新的语句,叫做原来那个语句的逆语句(或者说,是那个原语句的逆换式)。例如:

(I) 如果 x 是一个正数,那么,$2x$ 是一个正数

就是一个蕴函式或条件语句。把这个蕴函式当作原语句,它的逆语句就是:

(II) 如果 $2x$ 是正数,那么,x 是正数。

这个例子表明,原语句与它的逆语句恰巧都是真的。但是,这并不是普遍的规律。这一点很容易理解,如果我们用"x^2"代换上例(I)和(II)中的"$2x$",那么,代换之后,(I)仍然是真的,而(II)却是假的。如果有这样的情形,即两个条件语句(其中一个是另一个的逆语句)都是真的,那么,我们可以用"当且仅当"联接这两个语句,以表示这两个语句同时是真这一事实。因此,上面那两个蕴函式——原语句(I)和逆语句(II)——可以代换成下面这一个语句:

x 是一个正数,当且仅当 $2x$ 是一个正数

(在这个等值式中,左方与右方可以互相调换。)

此外,还有一些别的表述方式,也可以表示同样的意思,例如:

从:x 是一个正数,就推出:$2x$ 是一个正数,并反之亦然。

x 是一个正数这个条件与 $2x$ 是一个正数这个条件是互相等值的。

x 是一个正数这个条件,对于 $2x$ 是一个正数说,是一个既必要又充分的条件。

x 是一个正数,对于 $2x$ 是一个正数是既必要而且充分的。

因此,不用"当且仅当"来联接两个语句,一般地我们还可以采用下列这样一些说法,即:在这两个语句之间有**互相推论的关系**;或者,这两个语句是**等值的**;或者,这两个语句中的任一个是另一个的**必要而且充分的条件**。

§11. 定义的表述方式与定义的规则

我们常常用"当且仅当"这个短语去下**定义**。也就是说,如果

一个表达式在某门科学中第一次出现，而我们对这个表达式又不能直接有所了解时，我们就要作出一个约定，来确立这个表达式的意义：这就是所谓定义。例如，设想在算术中，符号“$\leqq$”尚未被应用过，而现在我们想要把它引用到算术中来（像通常那样，把“$\leqq$”看作是“小于或等于”的简写）。为此，首先我们必须予“$\leqq$”以一个定义，也就是说，我们必须先利用一些已知的，已经具有明确意义的表达式来说明“$\leqq$”的确切意义。为此，我们就给它下这样一个定义（假定“$>$”是一个已知的符号）：

我们说 $x\leqq y$，当且仅当不是 $x>y$。

这个定义表示，下面两个语句函项，即

$$x\leqq y$$

与

$$\text{不是 } x>y$$

是等值的。因此，我们可以说：这个定义使我们得以把公式 $x\leqq y$，转换为另一个等值的表达式，这个表达式不再包含 $x\leqq y$，而是完全由其他已经为我们所了解的词项所构成的。同样如果我们用任何指示数的符号或表达式去代换“$x\leqq y$”中的“x”与“y”，对于所得出的任何公式来说情形都是一样。例如，用“$3+2$”代换“x”，用“5”代换“y”，结果得出的这个公式：

$$3+2\leqq 5$$

和

$$\text{不是 } 3+2>5$$

这个语句是等值的；又，因为后一个语句是真的，因此前一个也是真。同样，如果用“4”代换“x”，用“$2+1$”代换“y”，结果得出下面这个公式：

$$4 \leqq 2+1$$

它和

$$\text{不是 } 4>2+1$$

这个语句是等值的，并且两者都是假的。这一点也适用于更复杂的语句和语句函项，例如，语句

$$\text{如果 } x \leqq y \text{ 而且 } y \leqq z\text{，那么，}x \leqq z\text{。}$$

可以转变为

$$\text{如果不是 } x>y\text{，而且，如果不是 } y>z\text{，那么不是 } x>z\text{。}$$

总之，根据上面所下的那个定义，我们可以把任何包含“≦”的简单或复杂语句，转变成一个不包含“≦”的等值语句；换言之也可以说，就是把包含“≦”的语句翻译到一种不包含“≦”的语言中去。并且正是这一点，它构成定义在数学中所起的作用。

为要使一个定义完善地完成它的任务，必须在下这个定义时注意一些应当事先注意的事项。为此，就确定了一些特殊的规则，这就是所谓定义规则，定义规则告诉我们如何作出一个正确的定义。这里我们不想详尽确切地多谈这些定义规则。我们只是指出：根据这些定义规则，每一个定义都可以具有等值式的形式，等值式的第一部分，叫做被定义者(definiendum)，第二部分，叫做定义者(definiens)。第一部分，即被定义者，总是一个简短的，文法上比较简单的语句函项，它包含那个要被定义的常项。第二部分，即定义者，是一个具有任意结构的语句函项，在它之中只包含那些或者它的意义是直接明白的，或者，它的意义是已经经过解释的常项。有一点应该特别注意：那被定义的常

项,或任何其他会借助于这个常项去解释的表达式,都不得在定义者中出现。如果它们在定义者中出现,这个定义便是不正确的,便犯了普通所谓**循环定义**的错误。(正如**循环证明**的错误一样;凡用一个论证去证明某一定理,而这个论证却是根据于这个定理,或根据于会用这个定理去证明的其他定理的,这种情形叫做循环证明。)为了着重区分定义的约定的性质与其他具有等值式形式的语句之间的差别,最好,在定义之前我们加上"我们说"这样几个字。很容易看出,上面关于"≦"的那个定义是满足了所有这些条件的。它的被定义者是:

$$x \leqq y$$

而它的定义者是:

$$\text{不是 } x > y$$

值得注意的是,数学家在下定义时,常常喜欢用"如果"或"在……情形下",而不用"当且仅当"这个短语。例如,如果他们要给符号"≦"下一个定义,他们大概会采用这样的方式:

我们说 $x \leqq y$,如果不是 $x > y$。

这个定义看起来好像只是表示,被定义者从定义者推出,而没有着重表示,定义者也可以从被定义者推出,因此似乎没有表示被定义者与定义者是等值的。但是事实上,这是一种非正式的约定,即当我们用"如果"或"在……情形下"去联结被定义者与定义者时,这些语词的意义就等于"当且仅当"所表示的意思。

此外,还有一点应当附加说明,就是等值式的形式,并不是定义所能采用的唯一形式。

§12. 语句演算的定律

我们已经讨论过语句演算中一些最重要的表达式，现在我们就试着来说明语句演算的种种定律的性质。

让我们研究下列这个语句：

(I)如果1是一个正数，而且1<2，那么，1是一个正数。

这个语句很明显是真的；这个语句仅仅包含属于逻辑与算术领域的常项，但是，却从来没有人会想到要把这个语句作为一个定理放到数学教科书里去。如果我们想一想，这是什么原因，我们会得出这样的结论：因为这个语句从数学的观点看是完全无意义的；它并不能在任何方面增加我们对于数的知识，这个语句的真，根本不依靠于它所包含的那些数学语词的内容；而只是根据于“且”，“如果”，“那么”这些语词的意义。

为了明确这一点，让我们将这个语句中的

1是一个正数

且　　1<2

换成属于任意领域的任何其他语句；其结果是得出一系列的语句，其中每一个，都和原语句一样是真的。例如，我们将“1是一个正数”换成“某一图形是一个菱形”，将“1<2”换成“这个图形是一个长方形”，结果得出下面这个语句：

(II)如果某一图形是一个菱形，而且，如果这个图形是一个长方形，那么，这个图形是一个菱形；

又，如果我们将“1是一个正数”换成“今天是星期天”，将“1<2”换

成“太阳在照耀着”,结果便得出下面这个语句:

(III)如果今天是星期天,而且,如果太阳在照耀着,那么,今天是星期天。

为了用一种更普遍的方式来表示这一事实,我们将要引入变项“p”与“q”,并规定“p”与“q”这些符号在这里不是表示关于数或其他任何事物的指示词,而是代表一个整个的语句。这一种变项,我们叫做语句变项。现在我们可以用“P”来代换“1是正数”,用“q”来代换“1<2”,于是我们便得出一个语句函项。

如果 p 而且 q,那么,p。

这一个语句函项具有这样的一种特性,即:用任意语句去代换“p”、“q”,结果所得出的语句,总是真语句。这一种性质,我们可以用一个普遍命题的形式来表述它:

对于任何 p 与 q,如果 p 而且 q,那么,p。

这里,我们得出了一个语句演算的定律,这个定律叫做逻辑乘法的简化定律。上面(I)(II)(III)各个语句都只是这个普遍定律的特殊例子,正如公式:

$$2 \cdot 3 = 3 \cdot 2$$

只是下面这个普遍的数学定理

对于任意数 x 与 y,$x \cdot y = y \cdot x$

的特殊例子一样。

用同样的方式,我们还可以得出语句演算的其他定律。现在让我们举几个这样的普遍定律。在表述这些普遍定律时,按照§3所提出的那种习惯用法,我们将全称量词“对于任何 p,q……”省掉了;在整个语句演算中,我们将贯彻这个用法。

如果 p，那么，p。

如果 p，那么，q 或 p。

如果 p 蕴函 q，而且 q 蕴函 p，那么 p，当且仅当 q。

如果 p 蕴函 q，而且 q 蕴函 r，那么，p 蕴函 r。

上面，第一个语句叫做同一律。第二个语句叫做逻辑加法的简化定律。第四个语句叫做假言三段论定律。

正如带有普遍性质的算术定理是对于任意数的性质有所断言一样，语句演算的定律，可以说，是对于任意语句的性质有所断言。在这些定律中，只包含这样一些变项，这些变项所代表的是完全任意的语句，正是这一点构成语句演算的特点，并且使语句演算具有极大的普遍性和应用范围。

§13. 语句演算的符号；真值函项与真值表

有一个简单而且普遍的方法，叫做真值表的方法（method of truth tables, or method of matrices）①，它可以使我们知道语句演算中的某一特殊的语句是否真，并因此，可以使我们知道这一特殊语句是否可以算作语句演算的定律之一。

为了表述这个方法，我们最好应用一些特别的符号。我们将用符号

$$\sim;\ \wedge\ ;\ \vee\ ;\rightarrow;\leftrightarrow$$

分别去代替

① 这个方法是皮尔斯所创始的。前面我们已提到他。（参看第 12 页 § 5 注①）

“不”，“而且”，“或”，“如果……，那么……”，“当且仅当”。第一个符号(即“～”)，我们把它放在我们要否定的那个表达式的前面，其余的符号则都是放在两个表达式的中间。(因此“→”就占据“那么”这个词的原来位置，并将“如果”去掉。)这样，应用这些符号，由一个或两个较简单的表达式我们构成一个较复杂的表达式；而如果我们想用这个较复杂的表达式再构成更复杂的表达式，我们就便用一个括弧将这个原来的较复杂的表达式括起来。

应用变项、括弧以及上面列举的那些常项符号(有时还应用一些我们在这儿不拟讨论的相似性质的常项)，我们就可以写出语句演算范围之中的一切语句与语句函项。除了单个的语句变项(如p, q，……)以外，最简单的语句函项是下列这些表达式：

$$\sim p,\quad p \wedge q,\quad p \vee q,\quad p \rightarrow q,\quad p \leftrightarrow q$$

(以及其他许多只是变项的形式不同的表达式)。作为复合语句函项的一个例子，让我们研究下面这个语句：

$$(p \vee q) \rightarrow (p \wedge r),$$

这个复合的语句函项如果翻译成普通语言，便是：

如果p或q，那么，p而且r。

上面所讲到的假言三段论，就是一个更复杂的表达式。它现在换成下面这个形式：

$$[(p \rightarrow q) \wedge (q \rightarrow r)] \rightarrow (p \rightarrow r)。$$

我们很容易可以明白，在语句演算中出现的任何语句函项，都是一个所谓**真值函项**。说一个语句函项是一个真值函项，就是说：凡用语句去代换这个语句函项中的各变项而得出的任何语句，它的真假完全依据于被代换进去的那些语句的真假。这一点，就最简单的语句函项，如“$\sim p$”，“$p \wedge q$”，等等而说，根据§7，§8，§10中所讲的“不”，“而且”等等这些词的逻辑意义是可以立刻明白的。但是，这一点同样也适用于复合的语句函项。例如，我们来研究“$(p \vee q) \rightarrow (p \vee r)$”这个复合函项。用语句去代换其中的语句变项所得出的一个语句是一个蕴函式；并因此，这个蕴函式的真假仅仅依据于它的前件与后件的真假。它的前件，即一个由用语句去代换“$p \vee q$”中的变项而得出的析取式，这个前件的真假唯一依据于那用来代换变项“p”与“q”的两个语句的真假。同样，后件的真假，唯一依据于那用来代换变项“p”与“r”的两个语句的真假。因此，最后地说，从上述语句函项所得出的整个语句，它的真假完全依据于用来代换变项“p”、“q”、“r”的那些语句的真假。

为了明确认识：何以通过代换从一个特定的语句函项所得出的语句的真假，依据于代换进去的那些语句的真假，我们构造了一种所谓**真值表**。

我们先举出语句函项“$\sim p$”的真值表。

p	$\sim p$
T	F
F	T

下面，是其他的基本语句函项“$p \wedge q$”，“$p \vee q$”等等的联立真值表：

p	q	$p \wedge q$	$p \vee q$	$p \rightarrow q$	$p \leftrightarrow q$
T	T	T	T	T	T
F	T	F	T	T	F
T	F	F	T	F	F
F	F	F	F	T	T

如果我们把这些表中的“T”看作是“真语句”的简写，“F”看作是“假语句”的简写。这些表的意义就立刻变得可以理解了。例如，在第二表中，在“p”、“q”、“$p \rightarrow q$”之下，第二横行中的字母分别地是“F”、“T”、“T”。由此，我们知道：如果我们用任何一个假语句去代换“$p \rightarrow q$”这个蕴函式中的“p”，用任何一个真语句去代换这个蕴函式中的“q”，经过代换之后所得出的语句是真的。显然，这同§8中所讲的是完全一致的。当然，上面表中的“p”、“q”可以改用任何其他变项。

上面这两个表，叫作基本真值表。用这两个表我们可以列出任何复合语句函项的导出真值表(derivative truth table)。例如，函项“$(p \vee q) \rightarrow (p \wedge r)$”的导出真值表，就是下面这样：

p q r	$p \vee q$	$p \wedge r$	$(p \vee q) \rightarrow (p \wedge r)$
T T T	T	T	T
F T T	T	F	F
T F T	T	T	T
F F T	F	F	T
T T F	T	F	F
F T F	T	F	F
T F F	T	F	F
F F F	F	F	T

为了解释这个表的构造，让我们集中注意，譬如说，它的第五横行(线以下的第五横行)。我们用真语句去代换“p”与“q”，而用假语句去代换“r”。按照前面第二个基本表，“$p \vee q$”经过这样代换后所得出的语句是一真语句，“$p \wedge r$”经过这样代换后所得出的语句是一假语句。而整个的函项“$(p \wedge q)$

$\rightarrow(p \wedge r)$”，经过这样代换后，便得出一个蕴函式，其中前件是真的，而后件是假的；因此，再应用第二个基本表（我们将第二个基本表中的“p”与“q”暂时看作“$p \vee q$”与“$p \wedge r$”），我们就可作出结论：这个蕴函式是一个假语句。

在上表中直线左边的“T”与“F”有八个横行。每一个横行表示一集可能的代换。当我们画一个函项的真值表时，应该注意将各个可能的代换集都画出来，而不要遗漏。很容易看出，如果一个语句函项中有一个变项，那么，可能的代换集就有 2^1 个，即是二个；如果有两个变项，可能的代换集就有 2^2 个，即四个；如果有三个变项，可能的代换集就有 2^3 个，即八个；余可类推。

上表的直线右边，有三个直行。我们需要研究的那个函项常常包含着几个函项，例如，在“$(p \vee q) \rightarrow (p \wedge r)$”这个函项中，就又包含了两个函项，即“$p \vee q$”与“$p \wedge r$”。直线右边的直行的数目，等于我们要研究的那个函项中所包含的函项的数目，再加上那个所要研究的函项本身之和。

现在，我们就有可能来说明如何决定在语句演算中一个语句的真假。我们知道，在语句演算中，语句和语句函项是没有外形的区别的。唯一的区别只在于：凡是被当作为语句的表达式，我们就在思想中在这个表达式之前加上一个全称量词。为了要认识某个特定的语句是否真，暂时，我们可以将它当作是一个语句函项，给它画一个真值表。如果在真值表的最后一个直行中，没有“F”出现，这就表示：由这个语句函项经过代换而得出的每一语句，都是真的。这样，我们原来的那个（由我们在思想中给这个语句函项加上全称量词而得出的）普遍语句便也是真的。

但是，只要在真值表的最后一个直行中包含一个“F”，我们的那个语句便是假的。

因此，举例说，我们知道在“$(p \vee q) \rightarrow (p \wedge r)$”的真值表的最后一直行中，“F”出现了四次；因而，如果我们将“$(p \vee q) \rightarrow (p \wedge r)$”看作一个语句（即，如果我们在思想中在它前面给它加上“对于任何 p，q 与 r”这些字），那么我们就会得出一个假语句。另一方面，用真值表的方法，我们很容易可以表明 § 12 中所举的所有那些语句演算定律，如简化律、同一律，以及其他定律等等，都是真语句。例如，简化定律

$$(p \wedge q) \rightarrow p,$$

它的真值表是：

p q	$p \wedge q$	$(p \wedge q) \rightarrow p$
T T	T	T
F T	F	T
T F	F	T
F F	F	T

这里我们再举出一些其他的重要的语句演算的定律，这些定律都可以用同样的方法确定它们是真的：

(1) $\sim[p \wedge (\sim p)]$

(2) $p \vee (\sim p)$

(3) $(p \wedge p) \leftrightarrow p$

(4) $(p \vee p) \leftrightarrow p$

(5) $(p \wedge q)\quad(q \wedge p)$

(6) $(p \vee q) \leftrightarrow (q \vee p)$

(7) $[p \wedge (q \wedge r)] \leftrightarrow [(p \wedge q) \wedge r]$

(8) $[p \vee (q \vee r)] \leftrightarrow [(p \vee q) \vee r]$

上面的(1)，叫做矛盾律，(2)叫做排中律。(3)，(4)分别地是逻辑乘法的重言定律与逻辑加法的重言定律。(5)，(6)是两个交换定律。(7)，(8)是两个结合定律。很容易看出，如果我们企图用日常语言去表述上面的最后两个定律，它们的意义会变得如何晦涩难解。这就非常清楚地表明了逻辑符号，作为一个表达复杂思想的精确工具，它的价值所在。

*有些语句，它们之为真，在应用真值表方法以前，似乎是很难看得出来的。但是，一经应用真值表，我们就认识到它们是真的。我们可以举几个例：

$$p \rightarrow (q \rightarrow p)$$

$$(\sim p) \rightarrow (p \rightarrow q)$$

$$(p \rightarrow q) \vee (q \rightarrow p)$$

这些语句的真所以不够明显，主要原因是在于：它们都表现了蕴函的特别用法，这就是实质蕴函的用法，实质蕴函这种特别用法，正是近代逻辑的特点。

这些语句，如果我们用日常语言去翻译它们，用“蕴函”、“推出”这些语词去代换“→”，其结果就会变得特别地荒谬难解，例如，如果我们把它们变成下面这样的形式：

如果 p 是真的，那么，p 可从任何 q 中推出(换言之：一个真语句可以从任何语句中推出)；

如果 p 是假的，那么，p 蕴函任何 q(换言之：一个假语句蕴函任何语句)；

对于任何 p 与 q，或者 p 蕴函 q，或者 q 蕴函 p（换言之：在任何两个语句中，至少有一个蕴函另一个）。

以这样的方式来表述，这些语句，就成为是经常引起误解与争论的根源。这一点完全可以确证我们在§9末尾所表示的意见。*

§14. 语句演算定律在推理中的应用

在任何科学领域中，几乎所有的推理都是明显或不明显地根据于语句演算定律的。我们现在试图用一个例子来说明这种情况。

给定一个具有蕴函式的语句，我们就能，除了得出（在§10中曾经讲过的）它的逆语句以外，还能得出两个另外的语句，即，反语句（或原给定语句的反语句〔inverse sentence〕）与逆反语句（contrapositive sentence）。将原给定语句的前件与后件分别地换成它们的否定式，就得出这个原给定语句的反语句。将反语句的前件与后件互相调换，就得出这个语句的逆反语句。因此，逆反语句，就是反语句的逆语句，同时，也是逆语句的反语句。逆语句、反语句、逆反语句以及原来的语句，这些合起来就叫作共轭语句（conjugate sentences）。作为说明，我们可以研究下面这个条件语句：

(I) 如果 x 是一个正数，那么，$2x$ 是一个正数。

从这个语句，就可作出下面三个共轭语句：

如果 $2x$ 是一个正数，那么，x 是一个正数。

如果 x 不是一个正数，那么，$2x$ 不是一个正数。

如果 $2x$ 不是一个正数，那么，x 不是一个正数。

就这个特殊的例子说，所有这些共轭语句同样都是真的。但是，这并不是普遍的情形。有时虽然原来的语句是真的，但是很可能不但它的逆语句（如§10中已经谈过）可能是假的，并且它的反语句也可以是假的；这一点，我们只要用“x^2”代换上面这些语句中的“$2x$”，就可以立刻明白了。

这样，我们就知道，从一个蕴函式的真，不能推出它的逆语句或反语句也真。但是，对于另一个共轭语句，即逆反语句，情形就不同了。在任何时候，只要一个蕴函式是真的，它的逆反语句也是真的。这一点可以用无数的例子来证明，并且是一条语句演算的普遍定律，即所谓易位定律或逆反定律。

为了要准确地表述这个定律，我们可以注意到，每一个蕴函式都可以表示为下面这个标准形式：

如果 p，那么，q。

它的逆语句、反语句与逆反语句就是下面这些形式：

如果 q，那么，p。

如果不 p，那么，就不 q。

如果不 q，那么，就不 p。

因此，易位定律，它表示任何一个条件语句都蕴函它的逆反语句，可以表述如下：

如果：如果 p，那么，q；那么：如果不 q，那么，不 p。

为了要避免“如果”和“那么”太多，我们可以把它稍作修改，表述如下：

(II) 从：如果 p，那么，q，可推出：如果不 q，那么，不 p。

现在我们要说明，如何借助于这个定律，我们可以从一个具有蕴函式的语句[例如从语句(I)]推出它的逆反语句。

上面(II)这个语句适用于任意语句“p”与“q”，因而，如果用

x 是一个正数

与

$2x$ 是一个正数

去分别代换“p”与“q”，(II)这个语句仍然是真的。为了行文的方便，我们将“不”字的位置改动一下，得出下面这个语句：

(III)从：如果 x 是一个正数，那么，$2x$ 是一个正数，可推出：

如果 $2x$ 不是一个正数，那么，x 不是一个正数。

现在我们比较一下(I)与(III)这两个语句。(III)是一个蕴函式，而(I)是(III)这个蕴函式的假设。由于整个蕴函式和这个蕴函式的假设都被确认为是真的，所以，这个蕴函式的结论同样也被确认为是真的；但是蕴函式的结论，即：

(IV)如果 $2x$ 不是一个正数，那么，x 不是正数。

恰是语句(I)的逆反语句。

这样，一个人了解了逆反定律，如果他以前已经证明某一个语句为真，就可以认识到这个语句的逆反语句也是真的。此外，我们很容易看到：反语句就是逆语句的逆反语句(即是说，将逆语句的前件与后件都换成否定式，再互相调换，便得出反语句)；因此，根据这个理由，如果一个语句的逆语句被证明为真，那么，反语句同样也就可以被认定为真。因此，如果我们能证明两个语句，即原来的语句与它的逆语句，那么，其他的共轭语句就用不着证明了。

这里可以提到一下，逆反定律还有许多变形。其中一个，就是

(II)的逆语句：

从：如果不 q，那么，不 p，可推出：如果 p，那么，q。

这个定律，使我们可以从逆反语句推出原来的语句，并从逆语句推出反语句。

§15. 推论的规则，完全的证明

在上节中，我们证明了(IV)这个语句，现在，我们要比较更仔细地来研究一下这个证明的步骤本身。除了我们在上面已经讲过的定义的规则以外，我们还有其他一些性质类似的规则，即**推理的规则**，或者说，**证明的规则**。这些规则，不应误解为是逻辑定律，它们只是一些指示(directions)，告诉我们已知为真的语句如何可以经过转变而产生新的真语句。在上章所作的证明中，已经用到了两个证明的规则，即：代入规则(rules of substitution)与**分离规则**。分离规则一般也称作**承认前件的推理规则**(modus ponens rule)。

代入规则的内容是这样：如果一个被接受为真的全称语句包含了语句变项，如果这些变项被别的语句变项或语句函项或语句所代换——一贯地用相同的表达式代换相同的变项——那么，这样代换后所得出的语句，也应该被接受为真。正是应用这一条规则，在上一章中我们由(II)得出(III)。应当着重指出，代入规则也可以应用于别种变项，例如，应用于指示数的“x”，“y”，……等等这些变项。对于这些变项而说，我们可以用任何表示数的表达式去代换它们。

*上面所作的这个对于代入规则的表述，是不十分精确的。代入规则应用于这样的语句，这些语句由一个全称量词与一个语句函项所构成，在这个语句函项中包含有被全称量词所约束的变项。当我们应用代入规则时，我们便将量词省略掉，而用其他的变项或表达式去代换以前为这个量词所约束的那些变项（即是说，用语句函项或语句去代换变项"p"，"q"，"r"，……，用指示数的表达式去代换变项"x"，"y"，"z"，……）；在这个语句函项中出现的任何其他被约束的变项，则仍是保留不变；必须注意的是：在用以代换的那些表达式中，不能出现与那些保留不变的变项形式相同的变项。必要时，可以在这样代换后所得出的表达式之前，加上一个全称量词，以便使这个表达式变成一个语句。例如，应用代入规则于下面这个语句：

对于任何数 x，有一个数 y，使得 $x+y=5$，

可以得出下面这个语句：

有一个数 y，使得 $3+y=5$，

但是也可以得出下面这个语句：

对于任何数 z，有一个数 y，使得 $z^2+y=5$。

这样，在上面这两个例子中，我们只代换了"x"，而"y"仍保留不变。但是必须注意，我们在用一个表达式去代换"x"时，这个表达式中不可以包含"y"。因为，如果这样，便会得出一个假语句，尽管原来的那个语句是真的。例如，用"$3-y$"去代换"x"，便得出：

有一个数 y，使得 $(3-y)+y=5$。*

分离规则是：如果有两个语句被认为是真的，其中一个是蕴函式，而另一个是这个蕴函式的前件，那么，作为蕴函式的后件的那

个语句,也应该被认为是真的。(因此,我们说,就好像是我们使前件从整个蕴函式中“分离”出来。)应用这个规则,我们就在上节中从(III)与(I)中推出(IV)。

由此可以看出,在上节所作的语句(IV)的证明中,证明的每一步骤都在于应用一条推理规则到某些语句上去,这些语句是我们此前已经接受为真的语句。这样的一个证明,就叫作一个完全的证明。更准确一点,我们可以这样来表述一个完全的证明的性质:一个完全的证明,就是一个由具有下列性质的语句所构成的联锁,联锁开始的那些语句,是一些以前已被接受为真的语句;以后的每一个语句,都是可以根据一条推理规则由在先的语句中得出的语句,而联锁的最后一个语句,则就是我们所要证明的那个语句。

我们可以注意到,由于对逻辑定律与推理规则的认识与应用,所有的数学推理,都采取了一个——从心理学的观点看——极端简单的形式。复杂的心理过程,都完全可以还原为这样一些简单的活动,如:对以前已被接受为真的语句的留心观察,对语句与语句之间纯粹外形结构方面的关系的知觉,以及根据推理规则的机械的转换等。很明显,由于这样一个方法,在证明中产生错误的可能性就减少到了最低程度。

练　习

1. 从算术与几何的领域中,举出一些纯粹属于数学的表达式。

2. 在下列两个语句中,区别哪些表达式是纯粹属于数学的表达式，哪些表达式是属于逻辑范围的表达式：

(a)对于任何数 x 与 y，如果 $x>0$ 而且 $y<0$，那么，有一个数 z，使得 $z<0$ 而且 $x=y\cdot z$；

(b)对于任何两点 A 与 B，有一个点 C，C 在 A 与 B 之间，而且 C 到 A 的距离等于 C 到 B 的距离。

3. 用下列两个语句函项的否定式作成一合取式：

$$x<3$$

与

$$x>3。$$

什么数能适合这个合取式?

4. "或"有两个意义，指出下列各个语句中的"或"是什么意义：

(a)在他面前有两条路：或者卖国，或者死；

(b)假如我赚了很多钱或赛马获胜，我就要作一次远距离旅行。

读者试自己再举几个关于"或"的例子。

*5. 研究下列的条件语句：

(a)如果今天是星期一，那么，明天是星期二；

(b)如果今天是星期一，那么，明天是星期六；

(c)如果今天是星期一，那么，十二月二十五日是圣诞节；

(d)假如愿望能变成马，乞丐也有马骑；

(e)如果一数能被 2 与 6 除尽，那么，这个数将能被 12 除尽；

(f)如果 18 能被 3 与 4 除尽，那么，18 能被 6 除尽。

从数学逻辑的观点看，上面这些蕴函式中哪个是真？哪个是假？从日常语言的观点看，上面那些蕴函式中，哪些会发生有无意义的问题与真假的问题？特别注意语句(b)，(b)的真假要看(b)是在一星期中的那一天说的；研究一下这个问题。

6. 用通常条件语句的形式表示下列诸定理：

(a) 为使一个三角形是一个等边三角形，这个三角形的三角相等是充分的条件。

(b) x 能被 3 除尽这个条件，对于 x 能被 6 除尽是必要的。

试再用另外的办法表示上面这两个条件语句。

7. 条件：　$x \cdot y > 4$ 是

$$x > 2 \text{ 与 } y > 2$$

的正确性的必要的或充分的条件吗？

8. 给出下列语句的选言的公式：

(a) x 被 10 除尽，当且仅当 x 既被 2 除尽又被 5 除尽。

(b) 为了使一个四边形是一平行四边形，两条对角线的交点是这两条对角线的中点，是既必要的而且充分的。

试从算术与几何领域中，再举出一些具有等值式形式的定理，作为例子。

9. 在下列语句中，哪些是真的？

(a) 一个三角形是三等边的，当且仅当这个三角形的三边之高是相等的。

(b) 为使得 x^2 是一个正数，$x \neq 0$ 是必要的而且充分的。

(c) 一个四边形是正方形，蕴函这个四边形的四角都是直角。反之亦然。

(d) 为使 x 能被 8 除尽，x 能被 4 除尽而且能被 2 除尽是必要的而且充分的。

10. 假定我们已经知道语词“自然数”与“积”(或“商”)的意义，

读者试为语词“能被除尽”(divisible)下一个定义，并且采用下列等值式的形式：

我们说 x 是可用 y 除尽的，当且仅当……。

用同样形式给语词“平行”下一个定义；为此我们要(在几何学范围内)假设些什么语词？

11. 将下列各符号表达式翻译成日常语言：

(a) $[(\sim p)\rightarrow p]\rightarrow p$,

(b) $[(\sim p)\vee q]\leftrightarrow(p\rightarrow q)$,

(c) $[\sim(p\vee q)]\leftrightarrow(p\rightarrow q)$,

(d) $(\sim p)\vee[q\leftrightarrow(p\rightarrow q)]$。

读者应特别注意，在日常语言中分别最后三个表达式的困难。

12. 用逻辑符号表示下列语句：

(a) 如果不 p 或不 q，那么，就不是 p 或 q。

(b) 如果 p 蕴函：q 蕴函 r；那么，p 而且 q 蕴函 r。

(c) 如果 r 可从 p 推出，而且如果 r 可从 q 推出，那么，r 可从 p 或 q 推出。

13. 给上面第 11 题与第 12 题中的所有语句函项，各画一真值表。再，假定将这些语句函项都解释成语句(这表示什么意思?)，并决定它们中哪些是真，哪些是假。

14. 试用真值表的方法，确证下列语句是真的：

(a) $[\sim(\sim p)]\leftrightarrow p$,

(b) $[\sim(p\wedge q)]\leftrightarrow[(\sim p)\vee(\sim q)]$,

$[\sim(p\wedge q)]\leftrightarrow[(\sim p)\wedge(\sim q)]$,

(c) $[p\wedge(p\vee r)]\leftrightarrow[(p\vee q)\vee(p\wedge r)]$,

$$[p \vee (p \wedge r)] \leftrightarrow [(p \vee q) \wedge (p \wedge r)],$$

语句(a)是双重否定定律，语句(b)是摩根定律[1]，语句(c)是分配律(对于加法的逻辑乘法与对于乘法的逻辑加法)。

15. 写出下列每一个语句的三个共轭语句(即逆语句、反语句、逆反语句)：

(a) x 是一个正数蕴函 $-x$ 是一个负数；

(b)如果一个四边形是一个长方形，那么，可在它外边画一个外接圆。

在它们的共轭语句中，哪些是真的？

试举出四个共轭语句全是假的这样的一个例子。

16. 根据函项"$p \leftrightarrow q$"的真值表来解释下列事实：在一个语句中又包含了一些语句或语句函项，如果我们用相等的语句去代换这些语句或语句函项，那么，这样代换以后所得到的新语句同原来那个整个语句是等值的。我们在§10中的某些命题与说法就是根据于这个事实的；试指出§10中的这些命题与说明。

17. 考虑下面这两个语句：

(a)从：如果 p，那么 q，可推出：如果 q，那么 p；

(b)从：如果 p，那么 q，可推出：如果不 p，那么不 q。

假如以上两个语句是逻辑定律，能否像应用逆反定律那样(参看§14)，将这两个语句应用在数学的证明里？从某一个给定的蕴函语句，能推出哪些共轭语句？从而看出：(a)与(b)这两个语句都是真语句这个假定能够成立吗？

---

① 这些定律是杰出的英国逻辑家摩根所创立的。

18. 试画出17题中(a)与(b)两个语句的真值表,来确立我们在17题中所作的结论。

19. 研究下面两个语句:

昨天是星期一这个事实,蕴函今天是星期二;

今天是星期二这个事实,蕴函明天是星期三。

根据§12所讲的假言三段论定律,从上面两个语句中能推出什么语句?

*20. 作出前一个习题的完全的证明。应用上述假言三段论定律;并应用代换规则与分离规则——此外,再加上下列这个推理规则:如果两个语句被接受为真,那么,由它们所构成的合取式,也可以被接受为真。

(Ⅲ) 同一理论

§16. 不属于语句演算的逻辑概念;同一概念

上章所讲的语句演算,只是逻辑中的一个部分。无疑,它是一个最根本的部分。当我们在逻辑的其他部分中,要定义一个语词与证明一条逻辑定律时,都要应用到语句演算中的语词与定律。至少就这点说,语句演算是最根本的。然而,语句演算本身却并不能形成其他科学的,特别是数学的充分基础。在数学的定义,定理与证明中,我们经常会遇到属于逻辑中的其他部分的概念。这些概念中的一部分,我们将在本章与以后两章中予以讨论。

在这些不属于语句演算的概念中，很可能，同一或相等这个概念是一个最重要的概念。这个概念出现在，例如，下面这样一些表达式中：

x 是与 y 同一的，

x 是与 y 相同的，

x 等于 y。

这三个表达式的意义都是一样。为了简便起见，可以用

$$x=y$$

这个符号表达式来代换它们。

同样，我们可以将

x 与 y 不是同一的，

x 与 y 不相同，

写成下面这个公式

$$x\neq y。$$

有关这些表达式的一些普遍定律，构成为逻辑的一个部分，它叫做同一理论。

§17. 同一理论的基本定律

在关于同一概念的逻辑定律中，最根本的一个定律就是下面这个定律：

（Ⅰ）$x=y$，当且仅当 y 所具有的每一个性质，x 都具有，同时，x 所具有的每一个性质，y 也都有。

简单一些，我们也可以说：

$x=y$，当且仅当 x 与 y 的每一性质都是相同的。

这个定律还可以有其他，也许更显著，但是比较地不太正确的表述方式，例如：

$x=y$，当且仅当一切凡可以用于断定 x 与 y 其中之一的，都可以用于断定其中之另一。

上面那个定理（Ⅰ）是莱布尼兹首先提出来的[①]（虽然所用的语词略有不同），因此它可以叫作莱布尼兹定律。它采取了等值式的形式，因而，在等值式的左边的 $x=y$，可以用在等值式的右边的表达式去代换，也就是说，用不包含符号"＝"的表达式去代换它。因而，从形式方面看，这个定律可以看作是对于符号"＝"的定义，并且莱布尼兹自己也是这样看的。（当然，只有在这样的情况下，即：定律右边的那个表达式，即"y 所具有的每一个性质，x 都具有，同时，……"的意义，在我们看起来此符号"＝"的意义还更清楚，这时候我们说莱布尼兹定律是一个定义，这句话才有意义；参看§11。）

从莱布尼兹定律，可以得出下面这个非常重要的规则，即：如果在某一叙述范围内，一个具有等值式的公式，例如

$$x=y$$

已经被假定或证明为真，那么，在这个叙述范围内，任何公式或语句中如果含有这个等值式的左边的表达式，我们都可以用这个等值式的右边的表达式去代换它，反之亦然：例如，用"x"去代换"y"，或者，相反地，用"y"去代换"x"。这里，需要指明，如果"x"

① 参看第17页，§6注①。

在一个公式中的好几个地方出现，我们可以在有些地方用“y”去代换它，在另一些地方又让“x”保留不变.而在§15中所讲的代入规则，是不允许代换一部分而另一部分又保留不变的。这是这里所讲的这个规则和代入规则的根本差别。

从莱布尼兹定律，我们还可以得出好些关于同一理论的定律。这些定律，在各门科学中，特别在数学中是常常要被应用的。下面，我们将举出一些最重要的关于同一理论的定律，和它们的证明的大概步骤；以便借助于这些具体的例子说明：在逻辑领域与数学领域的推理之间，并没有根本性的差别。

(II)每一个事物都等于它自身，$x=x$。

证明：用“x”去代换“y”，从莱布尼兹定律，便可得到：

$x=x$，当且仅当x所具有的每一个性质，x都具有，同时，x所具有的每一个性质，x都具有。

根据§12中所讲的重言定律($p\wedge p\leftrightarrow p$)，我们可将上面语句中“同时”以后的部分省掉，而得：

$x=x$，当且仅当x所具有的每一个性质，x都具有。

又根据§12中所讲的同一律，(即是，如果x具有某一个性质，那么，x就具有这个性质。)很显然，上面等值式的右边的这个表达式总是真的。因而，等值式的左边的表达式，也总是真的。换言之，我们证明了

$$x=x。$$

(III)如果$x=y$，那么，$y=x$。

证明：用“y”代换莱布尼兹定律中的“x”，同时，用“x”代换莱布尼兹定律中的“y”，我们得到：

$y=x$，当且仅当 x 所具有的每一个性质，y 都具有，同时，y 所具有的每一个性质，x 都具有。

让我们把上面这个语句同莱布尼兹定律比较一下。它们都是等值式。两个等值式的右边的表达式都是合取式。这两个合取式的不同，仅仅在于合取式中的两个部分的顺序不同。根据§13所讲逻辑乘法的交换律，这两个合取式是等值的。因而，上面这个语句中左边的表达式，即“$y=x$”，与莱布尼兹定律的左边的表达式“$x=y$”也是等值的。

这样，从 $x=y$，就推出 $y=x$。这就是我们所要证明的。

(IV)如果 $x=y$，而且 $y=z$，那么，$x=z$。

证明：根据假设，下面公式：

$$(1)\ x=y$$

与

$$(2)\ y=z$$

是真的。根据莱布尼兹定律，由(2)我们得出：一切可以用去断定 y 的，都可以用去断定 z。因而，我们可以在(1)中用“z”去代换“y”，于是便得到：

$$x=z。$$

(V)如果 $x=z$，而且 $y=z$，那么，$x=y$；换言之，等于同一事物的两个事物是互相相等的。

这个定律可以用类似上一个例子的办法去证明，也可以不用莱布尼兹定律，而从上面定律(III)与(IV)推出。

定律(II)，(III)与(IV)分别地叫作同一关系的**自反定律**，**对称定律**与**传递定律**。

§18. 事物之间的同一与指示词之间的同一；引号的用法

* 虽然像下面这样一些表达式，如：

$$x=y \text{ 或 } y\neq x$$

的意义是明白的，但是，有时候也有些误解。例如，

$$3=2+1$$

是一个正确的公式，这是很显然的；但是，有些人却有点怀疑它的正确性。按他们的意见，这个公式看起来好像是断定符号“3”与符号“2+1”是同一的，这一点显然并不真，因为这些符号的外形完全不同，从而，我们就不能说：一切凡可以用于断定“3”的，都可以用于断定“2+1”。（例如，“3”是一个单一的符号，而“2+1”便不是。）

为了避免这一类怀疑，我们最好要弄清楚一个非常普遍而且重要的原则，任何语言的有效应用都要依靠这个原则。这个原则是：任何时候，我们用一个语句去断定某个事物，我们就将这个事物的名称或指示这个事物的指示词放在这个语句中，而不是将这个事物本身放在这个语句中。

只要一个语句所断定的对象不是一个字，一个符号，或更一般地说，不是一个语言中的一个表达式，那么，对上面那个原则的应用，是不会产生任何疑问的。例如，让我们设想：我们前面有一块小小的蓝宝石，我们说下面这句话：

这块宝石是蓝色的。

在这个语句中，“这块宝石”这几个字合起来构成一个指示宝石这个东西的指示词。大概没有人会想到，要在这个语句中用那块宝

石去换下“这块宝石”这几个字,即是说,从这个语句中把“这块宝石”这几个字挖掉,而在这几个字所在的地位放上一块宝石。因为,这样一来,我们就得出了这样一个整体,它的一部分是一块宝石,而另一部分则是几个字;这个东西根本不是一个语言表达式,更说不上是一个真语句了。

但是,如果我们在一个语句中所断定的对象恰恰是一个字或一个符号,这个原则就常常会被违反。但是,即使在这一情形下,这个原则的应用仍然是必不可少的。因为,如果不这样,那么,虽然我们能得出一个语言的表达式,但是,这个表达式却根本没有表达我们所想要表达的思想,而更多的时候,是得出一堆毫无意义的语词的堆积。例如,让我们考虑下面两个字或语词:

好,　　玛丽;

很明显,第一个字是由六笔构成,而第二个字是一个女人的专名。但是,让我们设想,如果我们把这个无疑是正确的思想表示如下:

(I)好是由六笔构成。

(II)玛丽是一个专名。

这样,在我们说到这些字或词的时候,我们就是用了这些字或词本身,而不是用的这些字或词的名称。如果我们再仔细研究一下(I)与(II),我们必得承认:(I)根本不是一个语句,因为一个语句的主词,只能是一个名词而不能是一个形容词。(II)也许可以看作是一个有意义的语句,但是,无论如何,是一个假的语句,因为没有一个女人是一个专名。

为了避免这些困难,也许我们可以这样假定,说:“好”与“玛丽”用在(I)与(II)中的意义,不同于它们平常的意义:在(I)与(II)

中，它们是表示它们自己的名称。如果把这个看法普遍化起来，我们就必须承认：任何字或语词，有时候，都可以用作为它自己的名称；借用中古世纪的逻辑术语，我们可以说，在这种情形下，一个字或语词是用于它的实质的指谓(suppositio materialis)，即用于表示它自身，而不是用于它的形式的指谓(suppositio formalis)，即用于它的平常的意义。这样一来，日常语言与科学语言中的每一个字或语词，就至少都有了两个不同的意义：我们不必费事就会找到很多疑难不明的情形，那时候，我们会不知道究竟应该采用哪一种意义。不能满意于这种情况，因此，我们就要求确定这样一条规则，即：每一个表达式都必须(至少在书写上)和它的名称不同。

于是，就发生了这样的问题，我们如何来造成字、语词和表达式的名称？为此，有许多不同的办法。最简单的办法，是作出这样一个约定：在一个表达式外面加上引号。根据这个约定，在前面(I)与(II)中所想要表达的那个思想，就可以正确地、不含混地表示如下：

(I′)“好”是由六笔构成。

(II′)“玛丽”是一个专名。

经过上面这些说明，因此，关于

$$3=2+1$$

这个公式的意义与正确性的一切可能的怀疑，就都可以解除了。这个公式包含指示某些数的符号，但是并不包含任何这些符号的名称。因此，这个公式对于数有所断定，而并不对于指示数的符号有所断定；3 与 2+1 这两个数，很明显地，是相等的，因而，这个公式是一个真语句。当然，我们也可以把这个公式换成一个说及符号的等值语句，即，我们可以说：符号“3”与“2＋1”指示同一个数。但是，这并不意味着，这两个符号本身是同一的；因为，我们都知道，同一个事物——特别是，同一个数——可以有许多不同的指示词。“3”与“2＋1”这两个符号，无疑是不同的，而这个事实可以用下面这个新的公式来表示，即：

$$\text{“3”} \neq \text{“2+1”}$$

这个新的公式，当然，和上面那个公式并没有任何矛盾[①]*。

§19. 算术与几何中的相等，和它与逻辑同一的关系

在这里，我们将数与数之间的算术上的相等这个概念，一贯地看作是逻辑的同一这个普遍概念的一个特殊事例。然而，这里要附加说明一下，有些数学家采取不同于我们的观点，他们认为算术中的“＝”这个符号与逻辑同一这个符号是不相同的；他们认为：相等的数不必然是同一的。因此，他们将数与数之间的相等这个概念，当作一个算术特有的概念。在这点上，这些数学家抛弃了莱布尼兹定律的普遍形式，而只承认莱布尼兹定律某些只具有较小普

① 本书相当一贯地遵守了关于引号用法的这个约定。只在很少数场合下，为了照顾到传统的用法才有一些例外。例如，当一个公式或语句被特别印成一行，或者，它出现在数学或逻辑的公式中，这时候我们对这个公式或语句就不用引号；有时，我们在一个表达式前面加上“所谓的”，“被称为”这样的短语，就也不再用引号。但是，即使在上面这些场合，我们也采取一些相应的办法；我们常常在那些表达式前面加上冒号，而且这些表达式经常印成特殊的字体（如大小写体或斜体）（在中译本中用不同的字体来区分）。可以注意到，在日常语言中，在有些不属于上述引号用法的地方，也有用引号的；这类例子在我们这本书中也可以找到。

遍性的结论，他们将这些结论列为数学所特有的定理。这些数学家所承认的，有§17中从(II)到(V)这几条定律，以及具有下列含义的一些定理，即：任何时候，凡 $x=y$ 而且 x 满足某些仅由算术符号所构成的公式，那么，y 也满足这些公式；例如，他们所承认的有下列这个定理：

如果 $x=y$ 而且 $x<z$，那么，$y<z$。

我们认为：这些数学家的这一看法，并没有什么特别的理论上的优越性；相反，在实践上，它为算术系统的表述引起不少麻烦。因为，由莱布尼兹我们得到一个普遍规则，即：假定某一等值式成立，我们在任何地方能用这个等值式的右边的表达式去代换它的左边的表达式。这样一种代换在许许多多的论证中是必不可少的。而现在，如果抛弃了这个普遍规则，那么，就在每一个应用这种代换的地方，都有必要作一个特殊的证明。

用一个例子来说明这一点，让我们考虑一组包含两个变项的等值式，例如：

$$x=y^2,$$

$$x^2+y^2=2x-3y+18。$$

如果一个人想要用所谓代入法去解这组等式，那么，他必须作出一组新的等式，即，使第一个等式不动，而在第二个等式中用“y^2”去代换全部“x”。但是问题就发生了：是否可以允许作这样一种变换呢？也就是说，这一组新的等式是否与原来的那组等式相等呢？无疑，不论我们对于数与数之间的相等这个思想采取哪一种概念，这里的答案总是正面肯定的。但是，如果“＝”这个符号被了解为指示逻辑的同一，而且，如果又接受了莱布尼兹定律，那么答案就

可以很明显。因为

$$x=y^2$$

这个设定,允许我们在任何地方用“y^2”去代换“x”,反之亦然。相反的,如果不把符号“=”了解为指示逻辑的同一,不接受莱布尼兹定律,那么,首先就要提出理由,说明为什么作那样的变换是可以允许的。即使提出这样的理由没有任何重大的困难,无论如何也将是冗长而令人厌烦的。

关于几何中的相等的概念,情形就完全不同。如果我们说两个几何图形(如两线段,或两个角,或两个多角形)是相等的或全等的,一般地我们的意思并不是想说它们是同一的。我们只是想表示:这两个图形有同样的大小与形式,换言之——如果用一个不太正确的、形象的说法——如果将一个图形移到另一个图形上去,它们将完全相合。因此,例如,一个三角形可以有两条,或甚至三条相等的边;但是,这些边显然并不同一。另一方面,也有这样的情形,例如,在一个等腰三角形中,底边的垂线与中线就不只是几何上的相等,而且根本是一条同一的线段,因此这里就不只是两个图形的几何相等的问题,而是逻辑同一的问题。因此,为了避免混乱,在这些并不属于逻辑同一的场合下,最好一贯避免用“相等”这个语词,最好是说几何上相等的图形,而不说全等的图形,用另一个不同的符号——一般也有人这样做——例如,“≅”这个符号,去代替“=”。

§20. 数的量词

利用同一这个概念,就可能确定数的量词的准确意义。数的量词，无论在内容和作用上，都与全称量词和存在量词很相近，它们也是属于运算子，只是具有一种比较特殊的性质而已。这些数的量词的表达式，例如：

至少有一个，或，至多有一个，或，恰恰有一个事物 x，使得……，

至少有两个，或，至多有两个，或，恰恰有两个事物 x，使得……，

以及等等，在这些表达式中，从外表看，好像包含了数学所特有的语词，例如"一"，"两"，等等。然而，如果加以更确切的分析，可以看出这些表达式的内容（作为一个整体看）是属于一种纯粹逻辑性质的。因此，在

至少有一个事物满足这个给定的条件

这一表达式中，"至少一"这几个字可以换成"一个"这个不定冠词而并不会改变表达式的原意。而这个表达式：

至多有一个事物满足这个给定的条件

与下面这个表达式：

对于任何 x 与 y，如果 x 满足这个给定的条件，而且，如果 y 满足这个给定的条件，那么，$x=y$

意义是相同的。

而下面这个语句：

恰恰有一个事物满足这个给定的条件

与上面刚才所举的那两个语句的合取式是等值的，即：

至少有一个事物满足这个给定的条件，而且至多有一个事物满足这个给定的条件。

关于

至少有两个事物满足这个给定的条件

这个语句，我们把它了解为：

有 x 与 y，而 x 与 y 都满足这个给定的条件，而且 $x \neq y$；

因而，它和下面这个语句的否定式是等值的，即：

至多有一个事物满足这个给定的条件。

以同样的方式，我们也可以说明属于这一范畴的其他种种表达式的意义。

下面，作为例子，再举几个含有数的量词的算术上的真语句：

恰恰有一个数 x，使得 $x+2=5$；

恰恰有两个数 y，使得 $y^2=4$；

至少有两个数 z，使得 $z+2<6$。

逻辑中有一个部分，其中确定有关量词的种种普遍定律，这个部分称作**假变项的理论**，或叫作**函项演算的理论**，虽然实际上它应当称作**量词演算**。到目前为止，这一理论主要是研究全称量词与存在量词，而数的量词一般还没有被顾到。

练　习

1. 证明§17中的(V)；试只用§17中的(III)与(IV)这两条定律，而不用莱布尼兹定律。

提示：在定律(V)中，下面两个公式：

$$x=z \text{ 与 } y=z$$

是被假定为真的。根据定律(III)，将上面第二个公式中的两个变项互调，再应用定律(IV)。

2. 试仅用§17中的定律(IV)，证明下面的定律：

如果 $x=y$，$y=z$ 而且 $z=t$ 那么，$x=t$。

3. 在§17的定律(III)与(IV)中，用“$\neq$”去代换“$=$”，结果所得到的语句，都是真的吗？

*4 在§18中我们谈到关于引号的用法所作的约定；试根据这个约定，决定下列语句中哪些是真的。

(a)0是一个整数，

(b)0是一个蛋圆形的符号，

(c)“0”是一个整数，

(d)“0”是一个蛋圆形的符号，

(e)$1.5=\frac{3}{2}$，

(f)“1.5”=“$\frac{3}{2}$”，

(g)$2+2\neq 5$，

(h)“2+2”$\neq$“5”。

*5. 我们在一个语词上加上引号，就形成这个语词的名称；我们在一个语词的名称上加上引号，就形成这个名称的名称，这样，这个语词外边就有两副引号。因此，在下面三个表达式

约翰，“约翰”，““约翰””

中，第二个是第一个的名称，而第三个是第二个的名称。

依次用上面的三个表达式去代换下面四个语句函项中的“x”，便得到十二个语句。试指出这十二个语句中哪些是真的：

(a)x 是一个人，

(b)x 是一个人的名称，

(c)x 是一个表达式，

(d)x 是一个带有引号的表达式。

*6.在§9中,我们曾提出了许多在数学书籍中常见的条件语句的表述方式。当时我们曾指出,在其中有些表述方式中,我们所谈的不是数、数的性质,等等,而是表达式(例如,语句与语句函项)。从§18的讨论,我们知道,这一类表述方式就需要应用引号;试指出,这类表述方式,并正好是在这类表述方式中的哪些地方需要加上引号。

*7.根据前面所说的在对于事物有所断定的语句中应用事物的名称这一普遍原则,现在我们可以给§12中倒数第二句(即:"正如带有普遍性质的算术定理……,"这一句)以一些批评。我们知道,在算术中出现的变项,是代表数的名称的。在语句演算中出现的变项,是代表语句的名称呢?还是代表语句本身呢?因此,如果要求更确切一点的话,我们能否说,语句演算的定律对于语句与语句的性质有所断言?

8.一个三角形有 a,b,c 三边;h_a,h_b,h_c 分别是垂直于 a,b,c 三边上的高,m_a,m_b,m_c 分别是 a,b,c 三边的中线,s_a,s_b,s_c 分别是三个角的平分线。

假定这个三角形是二等边三角形(a 是底边,b 与 c 两边相等),在上面所说的那十二条线中,哪些是全等的(即,几何意义上的相等);哪些是同一的?将答案作成公式的形式,用符号"≅"表示全等,用符号"="表示同一。

再假定这个三角形是三等边三角形,试答复上面的问题。

9.说明下列表达式的意义:

(a)至多有两个事物满足这个给定的条件;

(b)恰恰有两个事物满足这个给定的条件。

10. 决定下面语句中哪些是真的：

(a)恰恰有一个数 x，使得 $x+3=7-x$；

(b)恰恰有两个数 x，使得 $x^2+4=4x$；

(c)至多有两个数 y，使得 $y+5<11-2y$；

(d)至少有三个数 z，使得 $z^2<2z$；

(e)对于任何数 x，恰恰有一个数 y，使得 $x+y=2$；

(f)对于任何数 x，恰恰有一个数 y，使得 $x\cdot y=3$。

11. 如何用数的量词来表示下列事实，即：公式

$$x^2-5x+6=0$$

具有两个根？

12. 什么数 x 满足下面的语句函项：

恰恰有两个数 y，使得 $x=y^2$

在上面语句函项中，哪个是自由变项，哪个是约束变项？ *数的量词是否也约束变项？*

(IV)类的理论

§21. 类与它的元素

除了个别的事物（简称个体）以外，逻辑还研究事物的类(class of things)。在日常生活与数学中，类常常叫作集合(set)。例如，算术常常研究数的集合；在几何中，我们对于单个的点的兴趣，没

有像对于点的集合那样大(即是说,没有像对于几何位形[configuration]的兴趣那样大),个体的类叫作一级类。在我们的研究中,较少地也要碰到二级类。二级类是这样的类,它不是由个体所构成,而是由一级类构成的。有时,我们甚至要研究三级类、四级类……。在本书中,我们差不多只是研究一级类,只是在§26中,例外地我们将谈到二级类。但是,我们所讲的,实际上可以无须作什么改变就能应用于任何级的类。

为了分别个体与类(并分别各级的类),我们要用不同文字的、不同形状的字母来作为变项。习惯上,往往用英文的小写字母表示个体(例如,个别的数),用英文的大写字母表示这些个体的类。在初等几何中,所采取的是一个相反的办法,大写字母表示点,而小写字母(如英文或希腊文的小写字母)则表示点的集合。

在逻辑中,研究类这个概念和它的一般性质的这个部分,叫作类的理论。有时候,这个理论也作为一门独立的数学学科来研究,叫作一般集合论。[①]

在类的理论中,带有根本性质的是下面的这些表达式,如:

事物 x 是类 K 中的一个元素,

事物 x 属于类 K,

---

① 在布尔的著作中,已经开始研究类的理论,或者,更准确一点说,已经开始研究到我们在下面称之为类的演算的那一部分(参看第17页§6注①)。集合论,作为一个独立的数学学科,它的实际的创始者是伟大的德国数学家康脱(G. Cantor,1845—1918),特别是,关于权的等值、基数、无限和级等等这些概念的分析(我们在本章和以下各章要讨论到它们),应该归功于康脱。康脱的集合论,是正在迅速发展中的数学理论之一。集合论的概念与思想,已经渗透到几乎所有的数学分支中,而且已经到处产生出极有启发性的与创造性的影响。

　　类 K 包含事物 x 作为一个元素。

　　我们将这些表达式看作都是相同意义的,并为了简单起见,用下面这个公式替代它们:

$$x \in K$$

　　这样,如果 I 是所有整数的集合,那么,1,2,3,……这些数是这个集合的元素,而$\frac{2}{3}$,$2\frac{1}{2}$……这些数,不属于这个集合。因此,公式:

$$1 \in \mathbf{I}, 2 \in \mathbf{I}, 3 \in \mathbf{I}, \cdots\cdots$$

是真的,而公式

$$\frac{2}{3} \in \mathbf{I}, 2\frac{1}{2} \in \mathbf{I}, \cdots\cdots$$

是假的。

§22. 类和包含一个自由变项的语句函项

让我们来研究一个包含一个自由变项的语句函项,例如:

$$x > 0$$

如果我们在这个语句函项前面,加上

　　(I)这个由所有数 x 构成的集合,使得,

我们就得到下面这个表达式:

　　这个由所有数 x 构成的集合,使得 $x > 0$。

这个表达式指示一个确定的集合,即是说,指示那个由所有的正数所构成的集合。这个集合以,而且仅仅以那些满足这个函项的数为它的元素。如果我们用 **P** 表示这个集合,这个函项就同

$$x \in \boldsymbol{P}$$

等值。

我们可以把类似的办法用于任何别的语句函项。用这个办法，在算术中，我们可以得到各种关于数的集合，例如，可以得到由所有负数所构成的集合，或者由所有大于 2 而小于 5（即满足函项“$x>2$ 与 $x<5$”）的数所构成的集合。这个办法在几何中也起重要的作用，特别是在定义各种新的几何图形时；例如，一个球形的曲面就定义为一个由这个空间的所有的点所构成的集合，这些点与一个给定的点有确定的距离。在几何中，习惯上我们用“这些点的轨迹”一词来代替“所有点的集合”一词。

现在，我们将给予上面所讲的办法一个普遍的形式。在逻辑中，我们肯定：对于每个只包含一个自由变项（如“x”）的语句函项，恰恰有一个相应的类，这个类以，而且仅仅以那些满足这个函项的事物 x 为它的元素。将下面这个表达式（类的理论中的基本的表达式之一）：

(II)这个由所有 x 构成的类，使得……

加在那个语句函项的前面，我们就得出一个指示那个类的指示词。又，如果我们用一个单一的符号，如 $\boldsymbol{C}$，来表示所说的这个类，那么，

$$x \in \boldsymbol{C}$$

这个公式——对于任何 x 来说——和原来的那个语句函项是等值的。

因此，我们知道，任何只包含 x 作为它的唯一的自由变项的语句函项，都可以变换成一个具有

$$x \in K$$

这样形式的等值的函项，在这个函项中 K 表示一个指示一个类的常项。因此，我们可以把 $x \in K$ 这个公式看作是只包含一个自由变项的语句函项的最普遍的形式。

前面(I)与(II)这两个短语有时也用符号表达式来代替。例如，我们可以用

$$\underset{x}{C}$$

这样一个符号来代替它们。

*现在，让我们看下面这个表达式：

1 属于那个所有数 x 构成的集合，使得 $x>0$。

这个表达式用符号写出来，就是

$$1 \in \underset{x}{C}(x>0)。$$

这个表达式，很明显，是一个语句，而且甚至是一个真语句。它用一个更复杂的形式来表示

$$1>0$$

所表示的思想。因此，它不能包含任何自由变项，而在它之中所出现的变项 x 必定是一个约束变项。但是另一方面，因为我们在它里面看不到任何量词，因此我们可以得出结论：(I)或(II)这些短语一定起着量词的作用，即是说，能够约束变项。因此，(I)与(II)那样的短语，也应当看作是一种运算子(参看 § 4)。

应当附带说明一下，在一个除了包含变项“x”以外还包含其他自由变项的语句函项前面，我们常常也加上一个像(I)与(II)这样的运算子。(在几何中，凡是应用这类运算子的场合，情形差不多都是这样。)这样得出的表达式，例如：

这个由所有的数 x 所构成的集合，使得 $x>y$，

就不表示任何确定的类。这样的表达式，是 § 2 中所说的指示函项，也就是说，如果我们用常项去代换其中的自由变项（但不代换"x"），例如，在上面例子中，用"0"去代换"y"，那么，这个表达式就变成指示类的指示词*。

我们常说：包含一个自由变项的语句函项，是表示某一种性质；这种性质是那些，而且只是那些满足这个语句函项的事物所具有的（例如，"x 是可被 2 除尽的"这个语句函项表示数 x 的一种性质，即：可被 2 除尽这种性质，或，是偶数这种性质）。相当于这个函项的类，包含，并且只包含具有这个性质的一切事物作为它的元素。这样，对于事物的每一个性质，就有一个唯一的确定的类与之对应。而且，反过来，对于每一个类，也有一个唯一为这个类的元素所具有的性质，也就是说，从属于这个类这样一种性质，与这个类对应。因此，许多逻辑学家认为：根本不需要分别类这个概念和性质这个概念。换言之，一种专门的"性质论"是不必要的——有了类的理论就完全足够了。

作为这个看法的一个应用，我们可以给莱布尼兹定律作一个新的表述。§ 17 中的莱布尼兹定律包含了"性质"这个语词，在下面这个和它完全等值的表达式中，我们代之以"类"这个语词：

$x=y$，当且仅当每一个包含 x 与 y 中的任一个作为元素的类，也包含另一个作为元素。

从莱布尼兹定律的这个新的表述中，我们能够看出：同一概念可以用类的理论来加以定义。

§23. 全类与空类

上面我们知道，相应于任何只包含一个自由变项的语句函项，总有一个由满足这个语句函项的一切对象所构成的类。这一点也可以用于下面两个特殊的函项：

(I)　　$x = x$，　$x \neq x$。

很显然，任何事物都满足第一个函项(参看§17)。因此，和它相应的类

$$\underset{x}{\boldsymbol{C}}(x = x),$$

包含一切个体作为元素。我们将这个类叫作全类(universal class)，并用符号"$\vee$"(或"1")来表示它。另一方面，却没有任何事物满足第二个函项。因此，和它相应的类

$$\underset{x}{\boldsymbol{C}}(x \neq x),$$

我们叫作空类(null class 或 empty class)，并用"$\wedge$"或"0"表示它。空类不包含任何元素。现在，我们可以用具有

$$x \in K$$

这种形式的等值的函项去代换(I)，即得出

(II)　　$x \in \vee$，　$x \in \wedge$，

任何个体都满足第一个公式，但没有任何个体满足第二个公式。

在一门特殊的数学理论中，我们最好精确地指出，什么是这个理论中的个体，而不用一般的个体这个逻辑的概念。这样，由这些个体所构成的类将可以用"$\vee$"来表示，并称之为这个数学理论的论域(universe of discourse)。例如，在算术中，由所有的数所构

成的类，就是它的论域。

*应当着重指出，V 是所有的个体所构成的类，但是，V 却不包含所有可能的事物，因而，也不包含一级类、二级类……作为它的元素。至于一个包含所有的可能事物的类是否存在，并且更一般地说，我们是否可以考虑不属于一个特定的级而既包含个体又包含各级的类作为它的元素的“不齐”的类（inhomogeneous class）——这一点本身是一个问题。

这个问题和近代逻辑中一个最困难的问题密切有关，也就是说，是和所谓罗素悖论以及逻辑类型理论（theory of logical type）密切有关的。[1] 关于这个问题的讨论，将超出本书预定的范围。这里我们只需要指出，即使在整个数学中也很少需要考虑“不齐”的类（只有在集合的一般理论中是例外），至于在其他科学中这种需要就更少了。*

§24. 类与类间的基本关系

在两个类 K 与 L 之间，可以有各种不同的关系。例如，可以有这样的情形：类 K 的每一个元素同时又是类 L 的一个元素。在这种情形下，K 类就叫作 L 类的子类，或者说它被包含于 L 类中，或者说 K 类对于 L 类有包含于的关系；而就 L 类说，则是 L 类包

① 罗素所提出的逻辑类型这个概念，是与类的级这个概念密切相关的；甚至逻辑类型这个概念可以看作是类的级这个概念的普遍化。逻辑类型这个概念，不仅涉及类，而且也涉及别的东西，例如，涉及我们在下一章所要讨论的关系。逻辑类型这个理论，在罗素的《数学原理》一书中得到了系统的发展。（参看第 17 页 § 6 注①）

含 K 类作为它的一个子类。这种情形，可以简单地用下面任何一个公式来表示：

$$K \subset L \text{ 或 } L \supset K。$$

当我们说 K 是 L 的子类，这并不排除 L 也是 K 的子类这种可能性。换言之，K 与 L 可以互为子类，并从而，K 与 L 的所有的元素都是共同的。在这个情形下，从（以下要讲到的）一条关于类的理论的定律，就可以推出：K 与 L 是同一的。但是，如果逆关系不成立，即是说，如果 K 类的每个元素都是 L 类的元素，而 L 类的每个元素并不都是 K 类的元素，那么，K 类就叫作 L 类的真正子类（proper subclass），或叫作 L 类的部分（part）。例如，由所有整数构成的集合是由所有有理数构成的集合的真正子集合，又例如，一条线中的一段是这条线的部分。

如果在两个类 K 与 L 中，至少有一个元素是共同的，而且如果 K（或 L）中所包含的有些元素不是 L（或 K）中的元素，那么，我们就说，K 类与 L 类相交。如果两个类至少都各有一个元素（即是说，它们都不是空类），同时，如果它们没有一个元素是共同的，我们就说，它们是不可兼的，或者说不相交的（mutually exclusive 或 disjoint）。例如，一个圆与通过圆的直线是相交的，而一个圆与一条距离圆心大于圆的半径的直线，却是不相交的。由一切正数构成的集合与由一切有理数构成的集合相交，但是正数的集合与负数的集合是不可兼的。

关于上面所讲的这些类与类之间的关系，让我们举几个有关这些关系的定律的例子：

对于任何类 K，$K \subset K$。

如果 $K \subset L$ 而且 $L \subset K$，那么，$K = L$。

如果 $K \subset L$ 而且 $L \subset M$ 那么，$K \subset M$。

如果 K（不空类）是 L 的一个子类，而且如果 L 类与 M 类是不相交的，那么，K 类与 M 类是不相交的。

上面第一个公式，就叫作包含的自反定律，或叫作类的同一律。上面第三个公式，就叫包含的传递定律。第三个公式和第四个公式（以及其他类似的公式一起），形成一组命题，统称为直言三段论定律（laws of the categorical syllogism）。

就包含这个概念说，全类与空类的特性可用下面定律表示：

对于任何类 K，$\vee \supset K$ 而且 $\wedge \subset K$。

这个定律，特别是就它的涉及空类的第二部分（即 $\wedge \subset K$）说，许多人都觉得它有些悖谬。为了要证明这个定律中的第二部分，让我们研究下面这个蕴函式：

如果 $x \in \wedge$，那么，$x \in K$。

无论我们用什么去代换“x”与“K”，这个蕴函式的前件都将是假的；因而这个蕴函式是真的（如像一些数学家有时说的，这个蕴函式是“空虚地”被满足的）。这样，我们就可以说：凡是类 $\wedge$ 的元素，必同时也是类 K 的元素。因此，根据包含的定义，就可以得出 $\wedge \subset K$。同样，用类似的方法，我们也可以证明这个定律的第一部分（即 $V \supset K$）。

很容易看出，任何两个类之间必定具有上面所说的那些关系之一。这一点表示为下面这个定律：

如果 K 与 L 是任意的两个类，那么，或者 $K = L$ 或者 K 是 L 的真正子类，或者 L 是 K 的真正子类，或者 K 与 L 是相交的，或者 K 与 L 是不相交的；K 与 L 之间不能同时具有两种上面所说的关系。

为了对这个定律有一个清楚的、直觉的了解，最好将类 K 与 L 设想为几何图形，同时，想象这两个图形相互间所有可能的位置。

以上这些在这一节里所已经讨论到的关系，可以叫作**类与类间的基本关系**。[①]

整个的旧的传统逻辑（参看§6）几乎可以完全简化为类与类之间的基本关系的理论。即是说，简化为类的理论中的一个小部分。从外表看，这两种理论的不同在于：在旧逻辑中，类这个概念并不显明地出现。在旧逻辑中，例如，不说：马类包含于哺乳动物类，而习惯于说：所有的马都有哺乳动物这个性质，或者简单地说：所有的马都是哺乳动物。传统逻辑中的最重要的定律是一些直言三段论定律，它们完全相当于我们上面所指出的那些关于类的理论的定律（这些定律我们沿用旧名称作直言三段论定律）。例如，我们上面所讲的第一条三段论定律（即：如果 $K \subset L$ 而且 $L \subset M$，那么 $K \subset M$），就相当旧逻辑中的

如果每一 M 都是 P，而且每一 S 都是 M，那么，每一 S 都是 P。

这是传统逻辑中的一条最有名的定律，普通称作三段论定律中的 Barbara 式。

---

① 法国数学家杰尔哥纳（J. D. Gergonne）是第一个人开始对这些关系作了全面彻底的研究。

§25. 类的运算

现在我们要来研究一下某些演算，运用这些演算于已定的类，便可产生新的类。

给定两个类 K 与 L，我们就能形成一个新的类 M 而 M 包含、而且仅仅包含那些至少属于 K 与 L 两者之一的事物。我们可以说，M 类是由 K 类的元素再加上 L 类的元素而成的。这个运算叫作**类的加法**；M 类叫作 K **类与** L **类的和**(sum 或 union)。

K 与 L 的和，可用符号表示如下：

$$K \cup L（或 K+L）。$$

我们还可以形成另外一个新的类 M，M 的元素是，并且只是那些既属于 K 又属于 L 的事物。这个关于 K 类与 L 类的运算，叫作**类的乘法**。而这个 M 类，叫作 K **类与** L **类的积或交**(product 或 intersection)。K 类与 L 类的积，可以用符号表示如下：

$$K \cap L \quad （或 K \cdot L）。$$

这两个运算在几何中常常被应用；有时候，可以很方便地用它们去定义新的几何图形。例如，假设我们已经知道一对互补角的意义是什么，那么，半平面——即直角——就可以被定义为两个互补角之和。(这里，一个角应了解为一个角域，即了解为平面的一个部分，其边线是两条半线，称为这个角的股。)又，如果我们用一个任意的圆和一个其顶点位于这个圆的圆心的角，那么，这两个图形的交就是一个叫作圆扇形的图形。

让我们再从算术范围中举两个例子：由所有正数构成的集合

与由所有负数构成的集合之和，就是所有不是 0 的数的集合；由所有偶数构成的集合与由所有素数构成的集合之交，就是那个只具有数 2 作为它的唯一元素的集合。2 这个数是唯一的偶素数。

类的加法与乘法遵守着许多定律。其中有一些定律和算术中的关于数的加法与乘法的定理完全类似——正是由于这个理由，我们才选择“加法”与“乘法”这两个语词来称呼上面这些类的运算。作为一个例子，我们可以提出关于类的加法与乘法的**交换定律**和**结合定律**：

对于任何类 K 与 L，$K \cup L = L \cup K$ 而且 $K \cap L = L \cap K$，

对于任何类 K，L 与 M，$K \cup (L \cup M) = (K \cup L) \cup M$，

而且 $K \cap (L \cap M) = (K \cap L) \cap M$。

如果我们用符号“+”与“·”分别代换符号“∪”与“∩”，上述定律和相应的算术定理之间的类似，就变得十分明显。

然而，其他的定律就和算术的定理颇有不同。下面的**重言定律**就是一个显著的例子。

对于任何类 K，$K \cup K = K$ 而且 $K \cap K = K$。

我们只要思考一下 $K \cup K$ 与 $K \cap K$ 的意义，上面这个定律就很明白。例如，我们在 K 类的元素上加上同一个类 K 的元素，事实上，我们并没有加上任何东西，因而其结果仍然是同一个类 K。

我们还要提出另外一个演算，它同加法与乘法的演算不同，在于它可以只运用于一个类，而不是运用于两个类。这个演算就是：由一个给定的类 K，我们可以形成一个 K **类的余类**(complement of the class K)，即是，可以形成一个由所有不属于 K 类的事物构成的类。K 类的余类，用符号表示，就是：

$$K'。$$

例如，如果 K 是由所有整数构成的集合，那么，所有的分数与无理数都属于集合 K'。

关于余类的定律，与确立余类与以前所讲的那些概念的关系的定律，我们举下面这两个公式为例：

对于任何类 K，$K \cup K' = \vee$。

对于任何类 K，$K \cap K' = \wedge$。

第一个公式叫作类的理论方面的排中律，第二个公式叫作类的理论方面的矛盾律。

类与类间的关系与上面已经讲过的类的运算，以及全类与空类的概念，都由类的理论中的一个特殊部分所加以研究；由于有关这些关系与运算的定律，都具有一些简单的、和算术定理相类的公式的性质，因此类的理论中的这一部分，叫作类的演算。

§26. 等数类，一个类的基数，有穷类与无穷类；算术作为逻辑的一个部分

*在作为类的理论的研究对象的其他概念中，有一组概念值得我们特别注意。这组概念包括：等数类的概念，类的基数的概念，有穷类与无穷类的概念。这些概念都是相当麻烦的概念，这里只能粗浅地谈一谈。

作为两个等数的类或相等的类的例子，我们可以考虑一下右手手指这个集合与左手手指这个集合。这两个集合是等数的，因为我们可以将左手手指与右手手指作成这样的许多对：(i)每个手指只属于一对。(ii)每对中只包含一个左手手指与一个右手手

指。在同样的意义下，由多角形的所有顶点构成的集合，多角形的所有的边构成的集合与多角形的所有的角构成的集合，也是等数的。以后，在 § 33，我们将可以给等数类这个概念下一个确切的一般性的定义。

现在让我们来考虑一个任意的类 K，无疑的，存在着这样一个性质，这个性质只属于所有同 K 等数的类，而不属于任何其他的类。（也就是说，"同 K 等数"这样的一个性质。）这个性质，就叫作 K 类的基数，或 K 类的元素的数目，或 K 类的数。这也可以用更简单更确切的，但也许更抽象的办法来表示：K 类的基数，就是由所有同 K 类等数的类构成的那个集合。由此，可以得出，当且仅当 K 类与 L 类是等数的，那么，K 类与 L 类具有同一的基数。

从类的元素的数目着想，类可以分为有穷类与无穷类。在有穷类中，我们又分别：恰恰包含一个元素的类，恰恰包含两个元素的类，恰恰包含三个元素的类……。这些语词，在算术的基础上可以很容易地给它们下定义。令 n 为一个任意的自然数（即，非负数的整数），我们就可以说：如果 K 类同由所有小于 n 的自然数构成的类是等数的，那么，K 类是由 n 个元素构成的。详细点说，如果一个类同由所有小于 2 的自然数所构成的类是等数的，即是说，一个类同由数 0 与 1 所构成的类是等数的，那么，这个类就是由两个元素构成。同样，如果一个类同由 0、1 与 2 构成的类是等数的，那么，这个类就是由三个元素构成的。普遍地说，如果存在着一个自然数 n，而 K 类是由 n 个元素构成的，那么，我们说 K 类是有穷类；反之，是无穷类。

但是现在，我们已经认识到，还有另一种定义的办法。我们刚才所考虑的所有这些语词，都可以用纯粹逻辑的语词来加以定义，而完全不需要应用任何属于算术范围的表达式。例如，我们可以说：如果 K 类适合下面两个条件，(i)有一个 x 而 $x \in K$，(ii)对于任何 y 与 z，如果 $y \in K$ 而且 $z \in K$，那么，$y = z$（这两个条件也可以换成一个单一的条件，即：恰恰有一个 x，使得 $x \in k$，参看§20），那么，K 类是由恰恰一个元素构成的。类似地，我们可以定义这些表达式："K 类是由两个元素构成的"，"$K \in$ 类是由三个元素构成的"，……等等。当我们着手去定义"有穷类"与"无穷类"这些语词时，问题就变得困难得多。但是，即使是这些语词，我们也已经能够成功地用纯粹逻辑的语词来对它们下定义（参看§33）。因此，我们上面所讨论的所有这些概念，都已经包括在逻辑的范围之内。

这一事实产生了一个极重要、极令人注目的结果；因为现在我们知道，数的概念本身，以及同样地，其他一切算术概念，都是能够在逻辑范围内加以定义的。事实上，我们可以很容易确立那些表示个别的自然数（如"0"，"1"，"2"，……）的符号意义。例如，数1就可以定义为这样一个类的元素的数目，这个类是由恰恰一个元素构成的。（这样一个定义似乎是不正确的，似乎犯了循环定义的错误，因为被定义者"一个"在定义者中出现；但是事实上，这里并没有错误，因为"这个类是由恰恰一个元素构成的"这个表达式，应当作为一个整体来看，而这个整体的意义，在前面已经有了定义。）同样，我们也不难定义自然数的一般概念：一个自然数是一个有穷类的基数。此外，我们还能定义一切有关自然数的运算，还能引进分数、负数、无理数以扩大数的概念，而无须在任何地方超出逻辑的界限。更进一步，还可以仅仅根据逻辑定律来证明一切算术定理（但附有一个条件，即：在这个逻辑定律的系统中必须首先加入一条叫作无穷公理的定律；这条定律断定：有无穷多的不同的事物。这条定律直觉地看来，不像其他逻辑定律那样自明）。但是这整个的理论构造是非常抽象的，不容易给予通俗的说明，也不适用于对算术的初步讲解。因此在我们这本书中，我们也不想采取这个概念；我们把数看作是个体，而不看作是性质或关于类的类。但是，已经证明我们有可能将整个算术（包括建筑在算术之上的代数，分析等等，）当作纯粹逻辑的一个部分推演出来，单单这个事实本身，就足以称作是近代逻辑研究的最伟大成就之一。① *

练　习

1. 令 K 是由所有小于 $\frac{3}{4}$ 的数构成的集合，试问下面哪些公式是真的：

$$0 \in K, 1 \in K, \frac{2}{3} \in K, \frac{3}{4} \in K, \frac{4}{5} \in K?$$

2. 研究下面四个集合：

(a) 由所有正数构成的集合，

① 这个领域中的一些基本观念应该归功于弗莱格（参看第 18 页 § 7 注①）；弗莱格在他的重要的书：《算术基础》（*Die Grundlagen der Arithmetik*, Breslau 1884）中，第一次发挥了这些思想。弗莱格的这些思想，又在罗素与怀特海的《数学原理》这本书中得到了系统的、彻底的实现。（参看第 17 页 § 6 注①）

(b)由所有小于3的数构成的集合,

(c)由所有数 x 构成的集合,使得 $x+5<8$,

(d)由所有数 x 构成的集合,x 满足语句函项"$x<2x$"。

在上面这些集合中,哪些是同一的,哪些是不同的?

3.由所有这样的点构成一个集合,这些点在空间中与一个定点的距离不超过一个给定的线段的长度。在几何中,我们将这个集合叫作什么?

4.令 K 与 L 为两个同心圆,K 的半径小于 L 的半径。在§24中所讨论的哪些关系,存在于 K 与 L 之间?同样的关系是否也存在于 K 与 L 的圆周之间?

5.划两个正方形 K 与 L,使 K 与 L 之间有下面的关系之一:

(a)$K=L$,

(b)正方形 K 是正方形 L 的一个部分,

(c)正方形 K 包含正方形 L 作为一个部分,

(d)正方形 K 与正方形 L 相交,

(e)正方形 K 与正方形 L 不相交,

如果 K 与 L 全等,上面哪些关系就不能成立?如果不考虑正方形,而只考虑正方形的周长,上面有哪些问题就不能成立?

6.令 x 与 y 是两个任意数,使得 $x<y$。我们知道,由所有不小于 x 又不大于 y 的数构成的集合,就叫作以 x 与 y 为端点的区间;这个区间用符号"$[x,y]$"来表示。

下面公式中哪些是正确的:

(a)$[3,5]\subset[3,6]$,

(b)$[4,7]\subset[5,10]$,

(c) $[-2,4]\supset[-3,5]$，

(d) $[-7,1]\supset[-5,-2]$？

在下面这些区间之间有哪些根本关系：

(e) $[2,4]$和$[5,8]$，

(f) $[3,6]$和$[3\frac{1}{2},5\frac{1}{2}]$，

(g) $[1\frac{1}{2},7]$和$[-2,3\frac{1}{2}]$。

7. 下面这个语句（它的结构与 § 24 讲过的三段论定律相同）是真的吗：

如果 K 与 L 不相交，而且 L 与 M 不相交，那么，K 与 M 不相交？

8. 将下列公式翻译成日常语言：

(a) $(x=y)\leftrightarrow \underset{K}{A}[(x\in K)\leftrightarrow(y\in K)]$，

(b) $(K=L)\leftrightarrow \underset{x}{A}[(x\in K)\leftrightarrow(x\in L)]$。

§ 22 与 § 24 中的哪些定律，可以用上面这些公式去表达？在(b)这个等值式的两边，需要作什么改变，才可以得到一个关于符号“$\subset$”或“$\supset$”的定义？

9. 令 ABC 是一个任意的三角形，BC 边上有任意一点 D。三角形 ABD 与三角形 ACD 之和形成什么图形？ABD 与 ACD 之积又形成什么图形？

将你的答案用公式表示出来。

10. 试将一个任意正方形表示为：

(a) 两个梯形的和，

(b)两个三角形的交。

11.下面的哪些公式是真的(比较上面第6题):

(a)$[2,3\frac{1}{2}]\cup[3,5]=[2,5]$,

(b)$[-1,2]\cup[0,3]=[0,2]$,

(c)$[-2,8]\cap[3,7]=[-2,8]$,

(d)$[2,4\frac{1}{2}]\cap[3,5]=[2,3]$。

上面有些公式是假的,在那些假的公式中,将"="右边的表达式加以改正,使假公式变成一个正确的公式。

12.令 K 与 L 是两个任意的类。如果 $K\subset L$,那么,$K\cup L$ 与 $K\cap L$ 是等于什么类?详细说明:$K\cup\vee$,$K\cap\vee$,$\wedge\cup L$ 与 $\wedge\cup L$ 等于什么类?

提示:在答复第二个问题时,应该想到§24关于$\vee$与$\wedge$的定律。

13.试证明:任何类 K,L 与 M 满足下面公式:

(a)$K\subset K\cup L$ 而且 $K\supset K\cap L$,

(b)$K\cap(L\cup M)=(K\cap L)\cup(K\cap M)$而且 $K\cup(L\cap M)=(K\cup L)\cap(K\cup M)$,

(c)$(K')'=K$,

(d)$(K\cup L)'=K'\cap L'$而且$(K\cap L)'=K'\cup L'$。

公式(a)叫做(类的加法与乘法的)简化定律;公式(b)的上半,叫作(关于加法的类的乘法的)分配律,公式(b)的下半,叫作(关于乘法的类的加法的)分配定律。公式(c)是两重余类的定律;公式(d)

是类的理论方面的**摩根定律**。[①] 上面的定律中哪些和算术定理相当？

提示：例如，为了要证明公式(d)的第一部分，只要指出$(K\cup L)'$与$K'\cup L'$是由完全相同的元素构成就够了（参看§24)。为了这个目的，我们必须应用§25的定义，弄明确什么时候一个事物x属于类$(K\cup L')$，什么时候x属于$K'\cap L'$。

*14.在§12，§13与第(II)章的习题14中所讲的语句演算定律，与在§24，§25以及前面13题中所讲的类的运算的定律之间，在结构上存在着极大的相似（它们名称的类似就指出了这点）。详细说明什么地方相似，并且对这种现象给予普遍的说明。

在§14中，我们知道了语句演算的逆反定律；试作出类的运算方面的类似的定律。

15.用§22中所引入的符号：

$$\underset{x}{\mathbf{C}}$$

我们可以将两类之和的定义写成：

$$K\cup L=\underset{x}{\mathbf{C}}[(x\in K)\vee(x\in L)];$$

但是，也可以用通常的等值式的形式（不用$\underset{x}{\mathbf{C}}$这个符号）将这个定义表示如下：

$$[x\in(K\cup L)]\leftrightarrow[(x\in K)\vee(x\in L)]。$$

试同样用这两种办法来表示全类的定义、空类的定义、两类之积的定义、一类的余类的定义。

*16.有没有这样一个多角形，它的所有边的集合与它的所有

① 参看第55页第(Ⅱ)章练习14的注①。

对角线的集合是等数的?

*17.只用逻辑范围中的语词,作出下列表达式的定义:

(a)K 类是由两个元素构成的,

(b)K 类是由三个元素构成的。

*18.考虑下列三个集合:

(a)所有大于 0 又小于 4 的自然数的集合,

(b)所有大于 0 又小于 4 的有理数的集合,

(c)所有大于 0 又小于 4 的无理数的集合,

哪些是有穷集合,哪些是无穷集合?试另外举出几个关于数的有穷集合与无穷集合的例子。

(V) 关系的理论

§27.关系,关系的前域与关系的后域;关系与有两个自由变项的语句函项

在前几章中,我们已经谈到事物间的一些关系。作为两个事物间的关系的例子,我们可以举出同一(相等)与相异(不相等)。有时,我们可以将公式:

$$x = y$$

读成:

x 与 y 有同一关系

或

x 与 y 之间有同一关系,

并且我们说“=”表示同一关系。同样，有时候我们把公式：

$$x \neq y$$

读成：

x 对 y 有相异关系

或

x 与 y 之间有相异关系，

并且我们说“≠”表示相异关系。此外，我们还谈到过类与类之间的某些关系，例如，包含关系，相交关系，不相交关系等等。现在，我们要来讨论一些属于一般的关系理论的概念。关系的理论，是逻辑中的一个专门的而且非常重要的部分；关系的理论研究带有完全任意性质的关系，并且确立关于这些关系的一般定律。[①]

为了便于讨论，我们引入变项“*R*”，“*S*”；……以表示关系。我们可以将：

事物 x 与事物 y 有 R 关系

简写成：

$$xRy,$$

又可以将：

事物 x 与事物 y 没有 R 关系，

写成（应用语句演算中的否定符号，参看 § 13）：

---

① 摩根与皮尔斯（参看第 13 页 § 5 注①和第 55 页第（II）章练习 14 注①）首先发展了关系理论，特别是发展了关系理论中叫作关系演算的这一部分（参看 § 28）。德国逻辑家习玉德系统地扩充和完成了这种理论。习玉德的《关系的代数与逻辑》（*Algebra und Logik der Relative*，Leipzig 1895）这本书［这是他的更大的著作：《关于逻辑的代数学》（*Vorlesungen über die Algebra der Logik*）一书中的第三卷］至今还是一本仅有的详细讨论关系演算的书。

$$\sim(xRy)。$$

任何一个与某一事物 y 有 R 关系的事物，叫作 R 关系的前趋(predecessor)；任何适合

$$xRy$$

中的 y 的事物，叫作 R 关系的后继(successor)。由所有 R 关系的前趋构成的类，叫作 R 的前域(domain)，由所有 R 关系的后继构成的类，叫作 R 的后域(counter domain 或 converse domain)。例如，任何事物都既是同一这个关系的前趋，又是同一这个关系的后继。因而，同一关系的前趋与后继，都是全类。

在关系理论中，正如在类理论中，我们可以区分不同级的关系。第一级关系就是个体之间的关系。第二级关系就是第一级关系与第一级关系之间的关系，或第一级类与第一级类之间的关系；其余可以类推。在这里，情形是更为复杂的。因为，我们常常要研究到"混合的"关系，这种混合关系的前趋，例如说，是个体，而它的后继是类，或者，前趋是第一级类，而它的后继是第二级类。混合关系中的最重要的例子，就是那种存在于一个元素与这个元素所属的类之间的关系。我们还记得，这种关系在 §21 中，是用"∈"表示的。和在讨论类理论时一样，我们现在主要也只讨论第一级关系；然而，这里所讨论的概念可以应用于，并且在少数情形下将被应用于更高级的关系。

我们假定，对于每一个具有两个自由变项 x 与 y 的语句函项，相应地，有一种存在于事物 x 与 y 之间的关系，当且仅当 x 与 y 满足这个语句函项。就这一点而说，我们说：一个具有自由变项 x 与 y 的语句函项，表示一种 x 与 y 之间的关系。例如，下面这个语

句函项:

$$x+y=0$$

表示具有正负相反符号的关系(having the opposite sign),或简单地说,正负相反的关系;数 x 与数 y 就有正负相反的关系(the elation of being opposite)当且仅当 $x+y=0$。如果我们用符号"○"表示这种关系,那么,公式:

$$x \bigcirc y$$

与

$$x+y=0$$

就是等值的。同样,任何只包含自由变项 x 与 y 的语句函项都可以变成一个具有

$$xRy$$

形式的等值的公式,其中 R 是一个指示某种关系的常项。因此,正如同公式

$$x \in K$$

可以看作是包含一个自由变项的语句函项的普遍形式一样,公式

$$xRy$$

可以看作是包含两个自由变项的语句函项的普遍形式(参看§22)。

§28. 关系的运算

关系理论是数理逻辑中高度发展的分支之一。关系理论的一个部分——关系运算与类的运算相似;它的主要对象是建立有关

关系运算的定律，用这些运算定律，可以由一些给定的关系，构造出另一些关系来。

在关系运算中，我们首先要考虑到的是一组概念，这一组概念与类的运算中的概念完全类似；而关于这一组概念的定律也同类的演算中的定律十分相似。我们常常用类的运算中的符号去表示这组概念。（当然，为了避免混同起见，我们也可以在关系运算中采用另一组符号，例如，我们可以把类的运算中的每一个符号，都加上一个点，而将这些加了点的符号用作关系运算中的符号。）

因此，在关系运算中我们有两种特别的关系，即：**全关系** $\vee$ 与**空关系** $\wedge$；全关系为任何两个事物之间所有，空关系不为任何两个事物所有。

其次，关系与关系之间有各种关系，例如，**包含关系**。如果，任何时候两个事物间有关系 R，这两事物间就有关系 S，那么，我们就说：关系 R **包含**于关系 S；换言之，对于任何 x 与 y，如果公式：

$$xRy$$

蕴函

$$xSy,$$

那么，关系 R 就包含于关系 S，用符号表示，就是：

$$R \subset S。$$

例如，从算术中，我们知道：任何时候

$$x < y,$$

那么，

$$x \neq y。$$

因此，小于这个关系就包含于不等这个关系。

如果同时

$$既\ R \subset S\ 而且\ S \subset R,$$

也就是说，如果关系 R 与关系 S 存在于那些同一的事物之间，那么，R 与 S 就是同一的，即

$$R = S。$$

其次，还有两个关系 R 与 S 之和，用符号表示，即：

$$R \cup S。$$

和两个关系 R 与 S 之积或交，用符号表示，即：

$$R \cap S。$$

两个事物间有 $R \cup S$ 关系，当且仅当这两个事物间至少有关系 R 与 S 中之一，换言之，公式：

$$x(R \cup S)y$$

与

$$xRy\ 或\ xSy$$

是等值的。同样，两个关系之积也可以这样加以定义，只是把"或"这个词换成"而且"这个词。例如，如果 R 是父子关系，S 是母子关系，那么，$R \cup S$ 就是亲子关系，而 $R \cap S$ 却是一个空类。

最后，还有一个关系 R 的否定关系或余关系，这用符号表示如下：

$$R'。$$

R' 存在于两个事物之间，当且仅当一个关系 R 不存在于这两个事物之间。换言之，对于任何 x 与 y，公式

$$xR'y$$

与公式

$$\sim(xRy)$$

是等值的。应当注意，如果一个关系是一个常项，那么，就常常在这个常项符号上划上一直横或一斜横去表示这个关系的余关系或否定。例如，关系$<$的否定，常用“$\nless$”去表示，而不用“$<'$”去表示。

在关系运算中，也出现一些完全新的，和类的运算中的概念不相似的概念。

这里，首先有两个特别的关系，即个体间的同一关系与相异关系(这两者恰恰是我们在前面已附带地讲到过的)。在关系运算中，这两种关系就用特别的符号“I”与“**D**”来表示(而不用逻辑中其他部分所用的“$=$”与“$\neq$”来表示)。这样，我们就将它们写成：

$$x \mathsf{I} y \text{ 与 } x\mathbf{D}y,$$

而不写成：

$$x=y \quad \text{与} \quad x\neq y。$$

符号“$=$”与“$\neq$”在关系运算中，只是用来表示关系与关系之间的同一与相异的。

这里，我们还有一个引人注意的而且重要的新运算，应用这个运算，我们能够从两个关系 R 与 S 得到第三个叫作 R 与 S 的相对积这样的关系(为了同相对积区别，通常的 R 与 S 的积，就叫作绝对积)。R 与 S 的相对积，用符号表示为：

$$R/S;$$

x 与 y 之间有关系 R/S，当且仅当有一个 z 使得

$$xRz \text{ 而且 } zSy。$$

例如，令 R 为是丈夫关系，S 为是女儿关系。如果有一个人 z，而

x 是 z 的丈夫，z 是 y 的女儿，那么，x 与 y 之间有 R/S 关系，而 R/S 关系也就是女婿关系。此外，我们还有一种具有类似性质的运算，它叫作两个关系的相对和。这个运算并不起重大的作用，因此这里我们也就不给它下定义了。

最后，还有一种运算（它与作出 R' 的那种运算相类似），应用这种运算，我们能够从一个关系 R 得到一种叫作 R 的逆关系的新关系。这种关系用符号表示就是：

$$\breve{R}\text{。}$$

$\breve{R}$ 存在于 x 与 y 之间，当且仅当 R 存在于 y 与 x 之间。如果一个关系是用一个常项表示的，那么，要表示这个关系的逆关系，我们就常常把这个常项写成相反的方向。例如，关系 $<$ 的逆关系，就是关系 $>$，因为，对于任何 x 与 y，公式

$$x<y$$

与公式

$$y>x$$

是等值的。

考虑到关系运算的颇为专门的性质，我们在这里就不再进一步详细讨论它了。

§29. 关系的一些性质

现在我们要转到关系理论的另一个部分，在这个部分中，我们要提出并且研究一些在其他科学中，特别是在数学中，常常碰见的特别的关系。

如果 K 类中的每一个元素都与它自己有关系 R，我们就说，关系 R 在 K 类中是自反的；用符号表示，就是：

$$xRx;$$

如果 K 类中没有一个元素与它自己有关系 R，即

$$\sim(xRx),$$

那么，我们就说：关系 R 在 K 类中是不自反的。如果对于 K 类中任何两个元素，公式

$$xRy$$

蕴函公式

$$yRx,$$

那么，我们就说：关系 R 在 K 类中是对称的。但是，如果公式

$$xRy$$

蕴函

$$\sim(yRx),$$

那么，我们就说：关系 R 在 K 类中是不对称的。如果对于 K 类中的任何三个元素 x，y 与 z 而说，条件

$$xRy \text{ 而且 } yRz$$

永远蕴函

$$xRz,$$

那么，我们就说：关系 R 在 K 类中是传递的。最后，如果对于 K 类中任何两个元素 x 与 y，下面两个公式

$$xRy, \quad yRx$$

中至少有一个是真的，也就是说，如果关系 R 至少以一个方向存在于 K 类中任意两个不同元素之间，那么，我们就说：关系 R 在 K

类中是连通的。

如果 K 是一个全类（或者，至少，是我们所研究的那一门科学的论域，参看§23），为了简单起见，我们常常不说：某关系在 K 类中是自反的、对称的，等等，而只说：它是自反的、对称的，等等。

§30. 自反的，对称的与传递的关系

上面所说的那些关系的性质，常常联合在一起出现。例如，常常有一些关系，它们既是自反的，又是对称的，又是传递的。典型的例子，就是同一关系。§17 的定律（II），就是表示同一关系是自反的，定律（III）表示同一关系是对称的，定律（IV）表示同一关系是传递的（这也说明何以我们给§17 所讲的那些定律以这样的名称）。在几何中可以找到这类关系的许多其他例子。在一个线段的集合中，例如，全等是一个自反的关系，因为每一个线段都与它自己全等。全等又是对称的，因为，如果线段 A 与线段 B 是全等的，那么，线段 B 与线段 A 是全等的。同时，全等还是传递的，因为，如果线段 A 与线段 B 是全等的，而且线段 B 与线段 C 是全等的，那么，线段 A 与线段 C 是全等的。多角形间的相似，直线间的平行（假定任何直线都与它自己平行）都具有上面所说的三个性质。在几何范围之外，人与人间的年岁相同关系，字与字间的同义关系，也都具有上面所说的三个性质。

我们可以将每一个同时是自反的、对称的与传递的关系看作是某一种相等。因此，我们可以不说：两个事物间有那样一种关系，而说：这两个事物在某个方面是相等的，或者，更准确地说：这

两个事物的某个性质是同一的。这样,我们可以把两个线段是全等的,或,两个人是同样年龄的,或者,两个字是同样意义的这些说法,分别换成:这两个线段在长度方面是相等的,这两个人的年龄是相同的,这两个字的意义是同一的。

* 我们用一个例子来说明,怎样我们可以为上面那种表达方式建立一个逻辑的基础。为此,我们且考虑多角形间的相似关系。我们把由所有相似于一个给定的多角形 P 的多角形所构成的集合称为多角形 P 的外形(或者,用较为流行的术语说,我们将这个共同的性质称为多角形 P 的外形,这个共同性质是所有相似于多角形 P 的多角形所都具有而其他的多角形所都没有的)。这样,不同的外形就是多角形的某种不同的集合(或者说,是多角形的某种不同的性质,参看§22末尾的说明)。上面已经讲过,相似关系是自反的、对称的与传递的。根据这点,我们现在很容易说明:每一个多角形属于,并且仅仅属于一个这样的集合,两个相似的多角形属于同一个集合,两个不相似的多角形属于不同的集合。由此,我们就可以推出:公式

多角形 P 与 Q 是相似的

与公式

多角形 P 与 Q 有相同的外形(即是说,P 与 Q 的外形是同一的)

是等值的。

读者将会注意到,在以前的讨论过程中,我们已经用了类乎这样的办法,即是在§26中,我们将表达式:

K 类与 L 类是等数的

变为和它等值的表达式:

K 类与 L 类有同一的基数。

我们不难说明,同样的办法可以应用于任何自反的、对称的与传递的关系。甚至还有一个叫作抽象原则(principle of abstraction)的逻辑定律,它给上面的办法提供一个普遍的理论基础,但是,这里我们不想对这个原则作精确的讨论。*

直到现在,还没有一个普遍接受的术语来表示所有那些既是自反的、又是对称的与传递的关系。有时候,我们一般地将这样的关系叫作相等或等值(equalities 或 equivalences)。但是,"相等"这个语词,有时是用来表示我们这里所说的这一类关系中的某些特殊的关系,因而,如果两个事物之间有这样的一种特殊的关系,那么我们就说,这两个事物是相等的。例如,在几何中,如我们在§19已经指出,全等的线段,常常叫作相等的线段。这里,我们再一次强调,最好根本避免用这样的说法;这样的说法会产生含混,并且它违反了我们将"相等"与"同一"看作同义字的这个规定。

§31. 序列关系;其他关系的例子

另一类常见的关系,就是那些在一个给定的类 K 中不对称的、传递的与连通的关系(可以很容易看到,这样的关系也必然是在 K 类中不自反的)。我们说:一个具有这些性质的关系,在 K 类中确立一个序列;我们也说:关系 R 将 K 类排成一个序列。例如,小于这个关系(或,我们偶然也会说,少于这个关系),它在任何数的集合中都是不对称的,因为,如果 x 与 y 是任何两个数,又如

果

$$x<y,$$

那么，

$$y \nless x\text{，也就是说}\sim(y<x)\text{；}$$

小于这个关系是传递的，因为，公式

$$x<y\text{ 而且 }y<z$$

蕴函

$$x<z\text{；}$$

最后，小于这个关系是连通的，因为，在任何两个不同的数中，总有一个数小于另一个。（而且小于也是不自反的，因为，没有一个数小于它自己。）因此，小于这个关系将任何数的集合排成一个序列。同样，大于这个关系也表示了任何数的集合的另一种序列关系。

现在让我们来考虑老于这个关系。我们很容易证明：老于这个关系，在任何一个给定的人的集合中是不自反的、不对称的而且传递的。但是，它却不一定是连通的；因为，可以有这样的情形，在这一个集合中，包含两个恰恰是同一年岁的人，也就是说，他们是在同一个时刻出生的，并因此老于这个关系就不在任何方向下存在于他们之间。另一方面，如果我们所考虑的是这样一个集合，在这个集合中没有两个年岁完全相同的人，那么，老于这个关系便在那个集合中建立起一个序列。

还有许多关系，既不属于自反的、对称的与传递的关系这一个范畴，也不属于不对称的、传递的与连通的关系这一个范畴。让我们来考虑几个例子。

相异这个关系在任何集合中都是不自反的，因为没有一个事

物不同于它自己;相异这个关系是对称的,因为,如果

$$x \neq y,$$

那么,

$$y \neq x,$$

相异关系不是传递的,因为公式:

$$x \neq y \text{ 而且 } y \neq z,$$

并不蕴函:

$$x \neq z。$$

相异关系是连通的,这一点是很容易明白的。

根据同一定律与一条三段论定律(参看§24),我们知道,类与类间的包含关系是自反的与传递的;又我们知道,包含关系既不是对称的,也不是不对称的,因为,公式:

$$K \subset L$$

既不蕴函,也不排除

$$L \subset K$$

(当且仅当 K 类与 L 类是同一的,那么,$K \subset L$ 与 $L \subset K$ 才同时是真的;)最后,我们很容易知道,包含不是连通的。这样,包含这个关系的性质,同前面所讲过的那些关系的性质都不同。

§32. 一多关系或函项

现在我们要比较详细地讨论另一类特别重要的关系。如果对于每一个事物 y,至多有一个事物 x,使得 xRy,换言之,如果公式

$$xRy \text{ 而且 } zRy$$

蕴函

$$x = z,$$

那么，关系 R 就叫作一多关系或者函项关系，或者，简单地叫作一个函项。关系 R 的后继，就是这样的一些事物 y，对于这些 y 确实有一些事物 x，使得

$$xRy;$$

关系 R 的后继，叫作关系 R 的主目值；关系 R 的前趋叫作关系 R 的函项值，或者，简单地叫作函项 R 的值。令 R 是一个任意的函项，y 是函项 R 的任何一个主目值，那么，那个相应于主目值 y 的唯一的函项值 x，我们就用符号"$R(y)$"来表示。因而，我们用

$$x = R(y)$$

去代换

$$xRy。$$

一般地，特别是在数学中，已经成为一个习惯，我们不用变项"R"，"S"，……而用别的字母如"f"，"g"……去表示函项关系，因此，我们常常可以看到这样的公式，如：

$$x = f(y), \quad x = g(y), \cdots\cdots;$$

公式：

$$x = f(y)$$

可以读成：

函项 f 对于主目值 y 指定值 x，

或者读成：

x 是那个相应于主目值 y 的函项 f 的值。

（另外也有一种习惯，用变项"x"去指主目值，用"y"去指函项值。我们将不遵守这种习惯。我们还是用"x"去指函项值，用"y"去指

主目值，因为这样可以便于与关系理论中所用的一般符号联系起来。）

在许多初等代数教科书中，我们发现，关于函项概念的定义与这里所用的定义很不同。在那些教科书中，函项关系被表述为是一种两个“变”量或“变”数间的关系，即，被表述为是“自变项”与“应变项”间的关系；自变项与应变项是互相依赖的：如果自变项变了，应变项也跟着变。这种定义今天已经不该再用了，因为它们经不起任何逻辑的批判。从前有过一个时期，有人企图分别“常”量与“变”量（参看 § 1），这种定义是这个时期遗留下来的东西。但是，如果一个人想既合乎近代科学的要求，又不完全打破传统，他可以保留旧术语，而在语词“主目值”与“函项值”之外，再用“自变项值”与“应变项值”这样的表达式。

函项关系的最简单的例子，就是通常的同一关系。作为日常生活中的一个函项的例子，我们可以举下列语句函项所表示的关系为例：

x 是 y 的父亲。

这是一个函项关系，因为，对于任何人 y，只有一个人 x，这个人是 y 的父亲。为了表明出这个关系的函项性质，我们可以在上面的表述中加一个“那”字，即：

x 是那 y 的父亲，

代替这个表达式，我们也可以说：

x 是和那 y 的父亲同一的。

这一种，用加一个有定冠词“那”来改变原来那个表达式的方法，在日常语言中所起的作用，正和我们在符号表述中从公式

$$xRy$$

转换到

$$x = R(y)$$

所起的作用是相同的。

函项这个概念,在数学科学中起着最重大的作用。高等数学中有些分支,是专门来研究某种函项关系的。但是,在初等数学,特别在代数与三角中,我们也发现大量的函项关系。下面这些公式所表示的关系,就是函项关系:

$$x + y = 5$$

$$x = y^2$$

$$x = \log_{10} y$$

$$x = \sin\ y,$$

其他还有许多。让我们比较仔细地研究一下上面的第二个公式。对于每一个数 y,只有一个相应的数 x,使得 $x = y^2$。这样,这个公式就表示了一种函项关系。这个函项的主目值是一些任意数,然而这个函项的值,却是一些非负数。如果我们用符号"f"表示这个函项,公式:

$$x = y^2$$

就具有这样一个形式:

$$x = f(y)。$$

显然地,这里的"x"与"y"可以用指示确定的数的符号来代换。例如,由于

$$4 = (-2)^2,$$

我们就可以断言:

$$4=f(-2)。$$

这样，4就是相应于主目值-2的函项值。

另一方面，在初等数学中，我们也碰到许多不是函项的关系。例如，小于这个关系就不是一个函项，因为，对于每一个数y，有无穷多的数x，使得

$$x<y。$$

又，公式

$$x^2+y^2=25$$

所表示的数x与数y间的关系，也不是一个函项关系，因为，对于同一个数y，可以有两个不同的数x满足这个公式；例如，对于数4，就有两个相应的数3与-3。应当注意：像上面这个关系那样，在有些由方程式所表示的数与数的关系中，一个y同两个或两个以上的x相应；这样的关系，在数学中有时候被称作二值函项或多值函项（以别于单值函项或普通意义下的函项）。然而我们觉得，将这种关系叫作函项，似乎是不妥当的，至少在初等数学中是不妥当的，因为，这样就会抹杀函项这个概念与关系这个更为普遍的概念之间的本质区别。

就数学在经验科学中的应用说，函项有特别的重要性。每当我们研究客观世界中两种量间的依赖关系时，我们就力求给这种依赖关系一个数学公式，这个数学公式使我们能够用一种量来精确地决定另一种量。这样一个公式就表示两种量之间的某些函项关系。让我们举物理学中一个有名的公式作为例子：

$$s=16.1t^2;$$

这个公式表示自由下落的物体所经过的距离s对于它的下落时间

t 的依赖关系(距离以呎为单位,时间以秒为单位)。

* 在结束我们关于函项关系的讨论时,我们要着重指出,这里所讲的函项这个概念是与§2中所讲的语句函项与指示函项有本质的不同的。严格地说,"语句函项"与"指示函项"这些语词,并不属于逻辑或数学的范围;这些语词表示某种表达式,这种表达式可以用来帮助构成逻辑与数学公式,但是,这些表达式本身并不表示这些逻辑与数学公式所研究的事物(参看§9)。但是,我们这里所讲的新的意义下的"函项",却是一个纯粹的逻辑性质的表达式,它表示逻辑与数学所研究的某一类型的事物。无疑,在这些概念之间是有联系的;这种联系大体上可以这样来表述:如果用符号"="把变项"x"和一个只包含变项"y"的指示函项(例如,"y^2+2y+3")联结起来,那么,所得出的公式(它是一个语句函项):

$$x=y^2+2y+3$$

就表示一个函项关系;或者说,存在在那些,并且仅仅在那些满足于这个语句函项的数 x 与 y 之间的关系是一种这里所说的新的意义下的函项。这就是这些概念常常混淆的理由之一。*

§33. 一一关系或一一函项与一一对应

在函项关系中,应当特别注意所谓**一一关系**或**一一函项**。一一关系或一一函项是这样的函项关系,在这种关系中,不仅对于每一个主目值 y,只有一个相应的函项值 x,而且对于每一个函项值 x,也只有一个相应的主目值 y。也可以这样来定义:包含变项 x 与 y 的一一关系或一一函项,就是这样的关系,不但在这些关系本

身中 x 对 y 是一多关系,而且在它们的逆关系中(参看§28),y 对 x 也有一多关系。

如果 f 是一个一一函项,K 是由主目值构成的一个任意类,而 L 是由和 K 的元素相应的函项值所构成的类,那么,我们就说:函项 f 以一一对应的方式把 K 类映射在 L 类上,或者说:函项 f 建立了 K 的元素与 L 的元素之间的一一对应。

让我们研究几个例子。假定有一条从 O 点引出的半线,线上划出一线段作为长度的单位。又,令 Y 是在半线上的任何点。于是,我们就可以度量线段 OY,也就是说,我们可以给 OY 一个相应的非负数 x,x 叫作线段 OY 的长度。因为这个数 x 完全依赖于点 Y 所在的地位,我们可以用符号"$f(Y)$"去表示它。因而,我们就得出:

$$x=f(Y)。$$

但是,反过来,对于任何一个非负数 x,我们也可以在半线上划出一条唯一的确定的线段 OY 使得它的长度等于 x。换言之,对于每一个 x,恰恰只有一个点 Y 与之对应,使得

$$x=f(Y)。$$

因此,函项 f 是一一函项。它在半线上的点与非负数之间建立了一个一一对应的关系(也可以在整个线的点与所有实数之间建立一个一一对应)。另外一个例是下面这个公式所表示的关系:

$$x=-y。$$

这是一个一一函项,因为,对于任何数 x,只有一个数 y 满足这个公式;很容易看出,这个函项在由所有正数构成的集合与由所有负数构成的集合之间建立了一个一一对应。作为最后一个例,我们

举出下面这个公式所表示的关系：

$$x=2y,$$

假定符号“y”在这里只表示自然数。这又是一个一一函项；这个函项使得对于任何自然数 y，有一个偶数 $2y$ 与之对应；同时，对于每一个自然数的偶数 x，恰恰有一个数 y 与之对应，使得 $2y=x$，即是，$y=\frac{1}{2}x$。这样，这个函项在任意自然数与偶数的自然数之间建立了一个一一对应的关系。——从几何范围内，我们可以举出许许多多的一一函项的例子(对称、共线的映射等等)。

* 由于我们有了一一对应这样一个概念，现在，我们就能够给我们在前面曾经直觉地但并不是严格地表述过的那个语词下一个精确的定义。它就是等数类这个概念(参看 § 26)。现在，我们可以说：如果有一个函项，它在 K 类的元素与 L 类的元素之间建立了一个一一对应的关系，那么，K 类与 L 类就是等数的，或者说，K 类与 L 类有相同的基数。根据这个定义，结合前面所举的例子，我们就可得出：一个任意半线上的所有点的集合与所有非负数的集合是等数的；同样，正数的集合与负数的集合是等数的，所有自然数的集合与所有偶数的自然数的集合是等数的。最后的那个例子，是特别有意义的，因为这个例子表示了一个类可以同它的真正子类是等数的。对于许多读者，这个事实初看起来似乎是很悖谬的，因为，平常我们总是用两个有穷类来互相比较它们的元素的数目，而一个有穷类的确总是比它的任何部分具有较大的基数。但是，如果我们想到：自然数的集合是无穷集合，而我们不能把完全是从观察有穷集合所得出的性质，加之于无穷集合，那么，这个

悖谬的情况就不存在了。值得提出的是：自然数的集合同它的一个部分等数这样一个性质，是任何无穷集合所共有的。这个性质，因此，可以作为无穷集合的特点，我们可以根据这个特点而分别无穷集合与有穷集合；一个有穷集合可以简单地定义为是一个类，这个类同它的任何真正子类不是等数的。(虽然，这个定义会推出一些逻辑上的困难，我们在这里不加讨论。)①*

§34. 多项关系；包含几个变项的函项与运算

直到现在，我们只是讨论了两项关系，即是，只讨论了在两个事物间的关系。然而，我们在各门科学中常常会碰到三项与多项关系。例如，在几何中，"在……之间"这个关系，就是一个典型的三项关系。"在……之间"这个关系存在于一条线上的三个点之间，用符号表示就是：

$$A|B|C,$$

它可以读为：

B 点是在 *A* 点与 *C* 点之间。

算术也提供了许多三项关系的例子；在三个数 x、y 与 z 之间的关系，如

$$x = y + z$$

---

① 第一个引起人们注意我们这里所讨论的无穷集合的性质的，是德国哲学家与数学家波察诺(B. Bolzano，1781—1848)。在他的书《无穷的悖论》(莱比锡，1851)里，我们已经看到近代集合论的萌芽。后来皮尔斯(参看第 13 页 §5 注①)与一些别人用上面所说的那个性质去定义有穷集合与无穷集合。

就是一个三项关系。同样,公式:

$$x = y - z$$

$$x = y \cdot z$$

$$x = y : z$$

都是三项关系。

下面这个关系,就是一个四项关系的例子,即:A,B,C,D 之间的关系是一个四项关系当且仅当 AB 的距离等于 CD 的距离,也就是说,如果线段 AB 与线段 CD 全等。另外一个四项关系的例子,就是数 x、y、z、t 有这样一个比例关系:

$$x : y = z : t。$$

在多项关系中,具有特别重要性的是那些相当于二项函项关系的多项函项关系。为了简单起见,我们只限于讨论这类多项关系中的三项关系。如果对于任何两个事物 y 与 z,至多只有一个相应的 x,使得 x 对 y 与 z 有 R 关系,那么,R 关系就叫作一个三项函项关系。这个唯一地确定的事物,假如它存在的话,我们或者用符号

$$R(y,z)$$

或者用符号

$$yRz$$

去表示它(yRz 在这里的意义和它在二项关系里的意义不同)。这样,要表示 x 对 y 与 z 有函项关系 R,我们有下面两个公式可以应用:

$$x = R(y,z) \text{与} x = yRz。$$

相应于上面这两个公式,我们有两种说明的方法。当我们用公式

$$x = R(y,z)$$

时，我们就将 R 叫作函项。为了分别二项函项关系与三项函项关系，我们将前者叫作有一个变项的函项或有一个主目的函项，而将后者叫作有两个变项的函项或有两个主目的函项。同样的，四项的函项关系，就叫作有三个变项的函项或有三个主目的函项，其余类推。在表示包含任何数目的主目的函项时，我们习惯用变项“f”，“g”，……；公式：

$$x=f(y,z)$$

赞成

x 是那个相应于主目值 y 与 z 的函项 f 的值。

当我们用公式：

$$x=yRz$$

时，关系 R 常常被看作一个运算，或者，更明确一点，看作一个二元运算，上面的公式，就读成：

x 是施运算 R 于 y 与 z 的结果；

在这个句子里，在“R”这个字母的位置上，我们倾向于用别的字母，特别是用字母“O”。算术的四个基本运算：加法、减法、乘法与除法，可以作为例子；同样，如像类与关系的加法与乘法这样一些逻辑运算，也可以作为例子（参看 § 25 与 § 28）。有两个变项的函项这个概念，与二元运算这个概念，内容上显然是完全相同的。也许应当说一下，有一个变项的函项，有时也叫作运算，详细点说，叫作一元运算。例如，在类的运算中，一个类的余，通常不看作是一个函项，而看作是一个运算。

虽然多项关系在各门科学中起着重要的作用，但是，多项关系的普遍理论，还是在刚开始研究的阶段。当我们说到一个关系或关系的理论时,通常我们在心里所指的,只是二项关系。直到现在,我们只对三项关系中的一个特殊的范畴,即二项运算的范畴进行过比较详细的研究。这种运算的典型例子,就是算术的加法。对于这方面的研究是由一门特别的数学理论——群论——所担负的。在本书的第二部分,我们将要讲到群论中的一些概念,这样,也就要讲到二元运算的某些一般性质。

§35. 逻辑对其他科学的重要性

上面我们讨论了现代逻辑的一些最重要的概念,并且,在讨论中,熟悉了一些(当然只是很少一些)有关这些概念的定律。但是本书的目的并不是要把我们在科学论证中所应用的一切逻辑概念和定律都无遗地列举出来。就其他科学,甚至就和逻辑关系最密切的数学科学的研究和提高说,这也是不必要的。逻辑被正当地认为是一切其他科学的基础,我们只要举出一个理由:在每一个论证中我们都应用取自逻辑范围的概念,每一个正确的推论都要遵循逻辑的定律来进行。但这并不等于说,要能正确思想就必须完全精通逻辑;即使职业数学家,他们一般不会犯推论的错误,常常也并不是对逻辑熟悉到这样的地步,以致能意识到他们所不自觉地应用的一切逻辑定律。虽然这样,但是,逻辑知识对于每一个希望正确地思想和推理的人无疑具有很大的实际重要性,因为它能够提高我们这方面的先天和习得的能力,并且在特别繁复细致的问题中,防止我们犯逻辑的错误。至于专门就数学定理的构造来说,那么,从理论观点来看,逻辑更起着非常重要的作用;关于这个问题我们在下一章讨论。

练　习

1.从算术、几何、物理和日常生活中，举出一些关系的例子。

2.考虑“是父亲”这个关系，即是，考虑下面语句函项所表示的关系：

$$x\text{ 是 }y\text{ 的父亲。}$$

是否所有人都属于这个关系的前域？是否所有人都属于这个关系的后域？

3.考虑人与人间的七种关系，即是，是父亲、是母亲、是孩子、是兄弟、是姐妹、是丈夫、是妻子。我们用符号“**F**”、“**M**”、“**C**”、“**B**”、“**S**”、“**H**”、“**W**”分别表示这七种关系。将§28中所定义的各种运算用到上面这些关系上去，我们就得出一些新的关系，这些新的关系在日常语言中常常有一个简单的名称；例如，“**H/C**”就表示是女婿这个关系。找出下列关系在日常语言中的简单名称：

$$\breve{\mathbf{B}},\breve{\mathbf{H}},\mathbf{H}\cup\mathbf{W},\mathbf{F}\cup\mathbf{B},\mathbf{F}/\mathbf{M},\mathbf{M}/\breve{\mathbf{C}},B/\breve{\mathbf{C}},$$

$$\mathbf{F}/(\mathbf{H}\cup\mathbf{W}),(\mathbf{B}/\breve{\mathbf{C}})\cup[\mathbf{H}/(\mathbf{S}/\breve{\mathbf{C}})]。$$

用符号“**F**”，“**M**”，……等等，并加上关系演算的符号来表示：是父母，是兄弟姐妹，是孙子，是媳妇，是岳母这些关系。

说明下面公式的意义，并指出哪些公式是真的：

$$\mathbf{F}\subset\mathbf{M}',\mathbf{B}=\mathbf{S},\mathbf{F}\cup\mathbf{M}=\breve{\mathbf{C}},\mathbf{H}/\mathbf{M}=\mathbf{F},\mathbf{B}/\mathbf{S}\subset\mathbf{B},$$

$$\mathbf{S}\subset\mathbf{C}/\breve{\mathbf{C}}。$$

4. 考虑下面两个关系演算的公式：

$$R/S=S/R \text{ 与 } (\overparen{R/S}),=\breve{S}/\breve{R}\text{。}$$

试用一个例子来表示，第一个公式并不总是真的。并试证明：任意两个关系 R 与 S 都满足第二个公式。

提示：考虑一下，说关系$(\overparen{R/S})$（即关系 R/S 的逆关系）或关系$\breve{S}/\breve{R}$存在于两个事物 x 与 y 间，这是什么意思。

5. 试用符号表述 § 28 中所讨论的一切关系演算的语词的定义。

提示：例如，两个关系之和的定义，就是下面这样的形式：

$$[x(R\cup S)y]\leftrightarrow[(x\ R\ y)\vee(x\ S\ y)]\text{。}$$

6. § 29 中所讨论的那些关系的性质中，有哪些是下列诸关系所具有的：

(a) 自然数集合中的相异关系；

(b) 自然数集合中的互素关系（如果两个自然数的最大公因子是 1，那么，这两个自然数就叫作互素）；

(c) 多角形的集合中的全等关系；

(d) 线段集合中的长于关系；

(e) 一个平面上的直线的集合中的垂直关系；

(f) 几何图形的集合中的相交关系；

(g) 物理事件的类中的同时关系；

(h) 物理事件的类中的时间在先关系；

(i) 人类中的亲戚关系；

(j) 人类中的父子关系。

7. 每一个关系，在一个给定的类中，或者是自反的或者是不自反的；或者是对称的或者是不对称的；这句话对吗？举例说明。

8.如果，对于 K 类中的任何三个元素，x、y、z 公式

$$xRy \text{ 而且 } yRz$$

蕴函：

$$\sim(xRz),$$

那么，我们就说：关系 R 在 K 类中是不传递的。

在上面习题 3 与习题 6 所列举的关系中，哪些是不传递的？试另外再举几个不传递关系的例子。是否任何一个关系或者是传递的或者是不传递的？

*9.说明如何将表达式：

线 a 与线 b 是平行的，

变换为下面这个等值的表达式：

线 a 的方向与线 b 的方向是同一的。

并说明，在这里如何定义“一条线的方向”。

又，说明如何将表达式：

线段 AB 与线段 CD 是全等的

变换为下面这个等值的表达式：

线段 AB 的长与线段 CD 的长是相等的。

并说明这里如何定义“一个线段的长”。

指出这里需要应用那一条逻辑定律？

提示：参照 § 30 所谈相似这个概念。

10.让我们将两个符号或由几个符号所构成的两个表达式叫作同形的(equiform)，如果它们之间、就外形说，没有什么不同，他

们的可能的不同只是空间、地位的不同(即是说,印在纸上的地位不同);否则,就叫作**不同形的**。例如,在公式:

$$x=x$$

中,等号两边的变项是同形的。相反,在下面公式:

$$x=y$$

中,等号两边的变项是不同形的。

现在要问,下面公式:

$$x+y=y+x$$

是由多少符号构成的?这些符号可以分成多少群,使得两个同形的符号属于同一的群,而两个不同形的符号属于两个不同的群?

在§29所讨论的那些性质中,哪些属于同形关系,哪些属于不同形关系?

*11 在上题答案的基础上,说明为什么可以说:两个同形的符号,就**外形**说,是相等的,或者,它们有相同的外形?说明如何定义"一个给定的符号的外形"。

将两个同形的符号简单地叫作相等,或者将它们看成好像是同一个符号,这是非常通行的用法。例如,我们常说,在下面这样一个表达式。

$$x+x$$

中,同一个符号在符号"+"的两边出现。应当如何表示才更加准确?

*12. 在11题中所指出的不准确的说法,在本书中也用过好几次。指出本书§4(第8—12页)与§17(第57—60页)中这种不准确的说法,并说明如何将它们改成准确的说法。

下面是这种不准确说法的另一个例子：当我们说包含一个自由变项的语句函项时，我们是指这样的函项，在这样的函项中，所有的自由变项都是同形的。如何将表达式：

包含两个自由变项的语句函项

用更准确的办法表示出来？

13. 在平面上给定一点，在这个平面上，有许多的圆以这个定点作为它们共同的圆心，这许多圆便构成一个集合。试说明这个集合是用“是部分”这个关系序列起来的。如果这许多圆不在同一个平面上，或者，如果它们不是同心圆，试问能否用“是部分”这个关系把这个集合序列起来？

14. 在英文的字与字之间有一种关系，叫作(词典序列的)在前关系。我们用例子来说明这个语词的意义．“*and*”这个字在“*can*”这个字之前，因为前者的第一个字母是“*a*”，后者的第一个字母是“*c*”，而在英文的字母序列里，“*a*”在“*c*”之前。“*air*”这个字是在“*ale*”这个字之前，因为它们的第一个字母是相同的(或者说，是同形的——参看前面习题 10)，但是，第一个字的第二个字母是“*i*”，第二个字的第二个字母是“*l*”，而在英文的字母序列里，“*i*”在“*l*”之前。同样，“*each*”这个字在“*eat*”这个字之前，“*timber*”这个字在“*time*”这个字之前。最后，“*war*”这个字是在“*warfare*”这个字之前，因为，虽然这两个字的前三个字母都相同，但是，第一个字只有三个字母，而第二个字却有不止三个字母。同样，“*mean*”这个字在“*meander*”这个字之前。

将下面这些字写成一行，使得运行中的每一个字与它右边的字都有在前关系：

care, *arm*, *salt*, *art*, *car*, *sale*,

trouble, *army*, *ask*。

试对字与字之间的在前关系作出一个普遍的定义。试说明这个关系在由所有的英文字所构成的集合中建立了一个序列。指出这个关系的一些实际应用,并说明为什么这样就建立了一个词典的序列。

15. 考虑一个关系 R 与它的否定关系 R',说明下列关于关系理论的命题是真的:

(a) 如果关系 R 在 K 类中是自反的,那么,关系 R' 在 K 类中就是不自反的;

(b) 如果关系 R 在 K 类中是对称的,那么,关系 R' 在 K 类中就也是对称的;

*(c) 如果关系 R 在 K 类中是不对称的,那么,关系 R' 在 K 类中就是自反的与连通的;

*(d) 如果关系 R 在 K 类中是传递的与连通的,那么,关系 R' 在 K 类中就是传递的。

上面这些命题的逆定理是否也能成立?

16. 说明关系 R 如果有 §29 所讲的那些性质之一,那么,它的逆关系 $\breve{R}$ 也有这个性质。

*17. §29 中所提出的那些关系的性质,可以很容易地用关系演算来加以表示,如果这些关系所涉及的类 K 是全类的话。例如,公式:

$$R/R \subset R \text{ 与 } D \subset R \cup \breve{R}$$

就分别地表示关系 R 是传递的与连通的。说明其理由;回忆一下

§28关于“**D**”这个符号的意义。试同样用关系运算来表示关系 R 是对称的、不对称的或不传递的(参看前面习题8)。下面这个公式：

$$R/\breve{R}\subset|$$

是表示本章所讲的关系的性质中的哪一种性质？

18.下面公式所表示的那些关系是函项：

(a)$2x+3y=12$，

(b)$x^2=y^2$，

(c)$x+2>y-3$，

(d)$x+y=y^2$，

(e)x 是 y 的母亲，

(f)x 是 y 的女儿。

前面习题3中所提到的关系中哪些关系是函项？

19.考虑下面公式：

$$x=y^2+1$$

所表示的函项。它的所有主目值所构成的集合是什么？它的所有函项值所构成的集合是什么？

*20.在上面习题18中哪些函项是一一函项？再举出几个一一函项的例子。

*21.考虑下面这个函项：

$$x=3y+1。$$

说明这个函项是一一函项，说明这个函项建立了区间[0,1]与区间[1,4]的一一对应[参看(IV)章习题6]。从这一点，我们可以得出哪些有关这两个区间中的基数的结论？

＊22.考虑下面的函项：

$$x=2^{y}。$$

利用这个函项并根据上面的习题，来说明由所有的数所构成的集合与由所有正数所构成的集合是等数的。

＊23.说明由所有自然数所构成的集合与由所有奇数所构成的集合是等数的。

24.从算术与几何中举出几个多项关系的例子。

25.在下面公式所表示的三项关系中，哪些是函项：

(a) $x+y+z=0$，

(b) $x\cdot y>2z$，

(c) $x^{2}=y^{2}+z^{2}$，

(d) $x+2=y^{2}+z^{2}$？

26.试举出几个物理定律的名称，这些物理定律断定了两个、三个与四个量之间的函项关系。

(VI)论演绎方法

§36. 一个演绎的理论的基本组成部分——基本词项与被定义的词项，公理及定理

我们现在要对构造逻辑和数学时所用到的基本原则试加说明。对于这些原则加以详细的分析和评价是一门专门学科，即演绎科学方法论或数学方法论的任务。对于一个要研究或发展某一门科学的人来说，自觉地了解一门科学的方法，是十分重要的。并

且我们会发现，就数学而言，关于方法的知识是特别重要的。因为缺乏这种知识，就不可能了解数学的性质。

我们以下要讨论的原则为逻辑和数学方面的知识保证了最高度的明晰性和确定性。由这个观点来看，如果一种方法使我们能够解释在一门科学中出现的每一个表达式的意义和证实它的每一个断定，这种方法将是理想的。很容易看出来，这种理想是永远不能实现的。事实上当我们试图解释一个表达式的意义时，我们必须用到其他表达式；而为了要解释这些表达式而不陷入恶性循环，我们又必须利用其他的表达式，如此等等。这样我们就是开始了一个永远不能结束的过程，这个过程可以称之为**无穷倒退**的过程。在证实一门科学的断定了的命题方面，有着类似的情形。因为为了要建立一个命题的正确性，必须引用别的命题，而（为了不出现恶性循环）这又引到了无穷倒退。

在不可达到的理想与可实现的可能性之间进行折衷的结果，出现了有关数学构造的一些原则，这些原则可以陈述如下：

当我们着手构造一门给定的学科时，我们首先把这门学科中对我们说来，立即可以理解的一小组表达式分出来；这一组表达式，我们称之为**基本词项**或**不定义的词项**。我们使用它们而不去解释它们的意义。同时，我们采用下列的原则：对于这一门学科中任何其他的表达式，仅当我们利用基本词项和这门学科中其他已经解释过的表达式确定它的意义之后，我们才使用它。用这种方式确定一个词项的意义的语句称作一个**定义**，通过这种方式，意义被确定的表达式称作**被定义的词项**。

对于这门学科的断定了的命题,我们可以用类似的方式进行。那些看起来显然成立的命题被挑选出来,作为基本命题或公理(有时也称作公设,但我们将不以这种专门意义来用这种名词);我们认为它们是真的,而不去建立它们的正确性。另一方面,对于任何其他的命题,当且仅当我们能够建立它们的正确性,而且在这样做的时候,只用到了公理、定义和这门学科中其他的正确性已经建立的命题时,我们才认为它们是真的。如所周知,这样建立起来的命题称作被证明的命题或定理,建立它们的过程称作一个证明。更一般地说,如果在逻辑或数学中,我们以其他命题为基础,建立一个命题,我们将这个过程称作一个推导或演绎。这样建立起来的命题称作从其他命题推导出来的,或演绎出来的,或者称作它们的推出的结论。

现代数理逻辑就是按照上述原则构造起来的学科之一。不幸的是在本书的狭小范围中,不可能对于这一重要事实给以应有的地位。如果任何其他的学科是按照这些原则构造起来的,它就已经是以逻辑为基础的,可以说,已经以逻辑为前提了。这就是说,逻辑的表达式和定律是和要建立的这门学科的基本词项和公理具有同样的地位。例如逻辑语词被用在公理、定理和定义之中,而不先解释它们的意义;逻辑定律被用在证明之中,而不先去确立它们的正确性。有时在构造一个学科时,不仅使用了逻辑,而且在同样的意义之下,还要使用一些已经构造出来的数学学科,这样是比较方便的。为了简便,可以将这些学科和逻辑称作在给定学科前的学科。逻辑本身则不以任何学科为前提,在构造算术作为一门特殊的数学学科时，逻辑是唯一在前的学科。另一方面，就几何而言，最好不仅以逻辑为前提，而且应以算术为前提（虽然这不是不可避免的）。

根据上面所说的，必须对于前面所陈述的原则的陈述方式作某些修改。在着手构造一个学科以前，必须先列举出来在这一学科之前的那些学科，给表达式下定义和给命题作证明的工作仅限于现在要构造的学科的特有的表达式和命题，也就是说，限于那些不属于在前的学科的。

严格按照前面所说的原则构造一个学科的方法称作**演绎方法**，以这种方式构造出来的学科称作**演绎的理论**[①]。一种愈来愈普遍的看法是数学学科与其他科学的唯一本质的区别就是演绎法。不仅每一数学学科是一种演绎的理论，而且每一种演绎的理论是一门数学（按照这种看法，演绎逻辑也是一门数学）。我们在这里将不讨论支持这种看法的理由，而只是指出，为这种看法提出有力的论据是可能的。

---

① 演绎方法不能看作是近代的成就，在古希腊数学家欧几里德（Euclid）的《几何原本》中，我们发现其中对于几何的陈述，就上述的方法论的原则来看，也没有多少不够之处。两千二百年来，数学家把欧几里德的著作看作科学精确性的理想和范本。只是近五十年来才在这方面有了真正的进展。在这时期中，数学的基本学科几何与算术的基础按照现代数学方法论的要求奠定了下来。关于这项进展有关的著作，我们将至少提出下列两部，它们已具有重大历史意义：《数学公式》——这是一部集体写的著作（托林诺 1895—1908），编者和主要著者是意大利数学家与逻辑学家贝安诺（G. Peano，1858—1932）；以及现代德国大数学家希尔伯特（D. Hilbert）所著的《几何基础》（莱比锡与柏林 1899）。

§37. 一种演绎的理论的模型和解释

由于系统地应用前一节中所陈述的结果，演绎的理论获得了一些有兴趣而且重要的特性。这些我们预备加以描述。因为我们将要讨论的问题是相当复杂而且抽象的，我们将用一个具体的例子加以说明。

假定我们对于有关线段的全等的一般事实有兴趣，并且准备把几何这一部分建立为一个特殊的演绎理论。我们规定变项“x”，“y”，“z”，……代表线段。我们选择“S”与“$\cong$”等符号作为基本词项。前者是“所有线段的集合”的缩写；后者代表全等关系，所以公式

$$x \cong y$$

读作

线段 x 与 y 是全等的。

此外，我们只采用两条公理

公理 I.　对于集合 S 的任一元素 x 而言，$x \cong x$（换言之，每一线段与其自身全等）。

公理 II.　对于集合 S 的任意的元素 x，y 与 z 而言，如果 $x \cong z$ 并且 $y \cong z$，那么 $x \cong y$（换言之，与同一线段全等的两个线段，彼此全等）。

各种关于线段全等的定理可以从这些公理推出来，例如

定理 I.　对于集合 S 的任意的元素 y 与 z 而言，如果 $y \cong z$，那么 $z \cong y$。

定理II. 对于集合S的任意的元素x，y与z而言，如果$x \cong y$并且$y \cong z$，那么$x \cong z$。

这两条定理的证明是很容易的。我们先说明第一条的证明。

在公理II中以“z”代“x”我们得到：

对于集合S的任意的元素y与z而言，如果$z \cong z$并且$y \cong z$，那么$z \cong y$。

在这个语句的题设中我们有公式

$$z \cong z,$$

而根据公理I，这个公式无疑是正确的，于是可以省去。这样我们就得到了所要证的定理。

关于这些简单的考虑，我们要说下面的一些话。

我们的微型的演绎理论是建立在一个适当选择的基本词项与公理的系统之上的。我们关于基本词项所代表的事物，即线段与其全等关系的知识是很丰富的，选用的公理并没有穷尽了这些知识。但这种知识可以说只是我们个人的东西，对于我们的理论的构造没有丝毫影响。特别是在由公理推出定理时，我们根本不利用这项知识，就好像我们并不了解我们所考虑的概念的内容，并且对于公理里没有明白陈述出来的东西，好像并不知道。像通常所说的，我们忽略了我们所采用的基本词项的意义，而只注意这些词项在其中出现的公理的形式。

这里蕴函着一个非常重要而有兴趣的结论。让我们把我们的理论中的所有公理和定理中的基本词项代之以适当的变项，例如以代表类的变项“K”代替符号“S”，以代表关系的变项“R”代替符号“$\cong$”（为了使问题简单化，我们这里忽略那些包含有被定义项的定理)。我们的理论中的命题于是就不再是语句,而变成了语句函项,这种函项包含着两个自由变项“K”与“R”,并且一般表达了下列的事实,即关系 R 在类 K 中有着这种或那种性质(或者更确切地说,在 K 与 R 中存在着这种或那种的关系;参看 § 27)。例如,很容易看出来,公理 I 与定理 I 及定理 II 现在是说关系 R 在 K 之中是自反的、对称的和传递的。公理 II 则是表示一种没有特别名字的性质,我们将称这种性质为 **P**;就是下列的性质:

对于类 K 中的任意的元素 x,y 与 z 而言,如果 xRz 并且 yRz,那么 xRy。

因为在我们的理论的证明中,我们并没有利用线段类与全等关系的性质,而只利用了公理中明显地陈述出来的性质,每一个证明都可以推广,因为它可以应用于任何具有这些性质的类 K 和关系 R。由于将证明推广的结果,对于我们的理论的任一定理,可从逻辑的领域中,也就是从关系理论的领域中,找到一条一般的定律与之相应,并且说明了,在 K 中的任一自反的和具有性质 **P** 的关系 R,也具有 **P** 定理中所表达的性质。例如下列两条关系理论的定律相当于定理 I 和定理 II:

I′.每一种在类 K 中自反的和具有性质 **P** 的关系 R 在 K 中是对称的。

II′.每一种在类 K 中是自反的和具有性质 **P** 的关系 R 在 K 中是传递的。

如果一种关系 R 在类 K 中是自反的并且具有性质 **P**,我们说 K 与 R 形成我们的理论的公理系统的一个模型或一种实现,或者简单地说,它们满足这些公理。例如线段和全等关系,也就是基本词项所代表的东西，构成这个公理系统的一个模型；自然，这个模型也满足由公理推出来的所有定理（为了精确，我们应该说，一个模型不是满足一种理论的命题，而是满足那些用变数代基本词项后所得到的语句函项）。但是这一特殊的模型在这个理论的构造中并没有什么特殊的地位。相反的，根据像 I′与 II′那样的一般性的逻辑定律，我们得到下列的结论，即这一公理系统的任一模型满足所有由这些公理推出的定理。由于这一事实，我们的理论的公理系统的一个模型也称作这一理论本身的模型。

甚至于在逻辑与数学的范围中，我们能够为我们的公理系统找到许多不同的模型。为了得到一个这样的模型，我们在任一其他的演绎理论中选定两个常项，比如说“**K**”与“**R**”（前者代表一个类，后者代表一个关系），然后我们将这一系统中的每一个“**S**”代之以“**K**”，每一个“≅”代之以“**R**”，最后我们说明这样得出来的语句是新理论的定理（或者是公理）。假如我们这样做成了，我们说，我们在另一演绎理论中，为这一公理系统（同时也是为整个演绎理论）找到了解释。如果不仅在我们的理论的所有的公理中，而且在所有的定理中，将“**S**”与“≅”代之以“**K**”与“**R**”，我们可以事先确信，这样得到的语句将是新的演绎理论中的真语句。

关于我们的微型理论的解释，我们在这里将给出两个具体的例子。在公理 I 与公理 II 中，“**S**”代之以全类“V”，“≅”代之以相等符号“＝”，立即可以看出，这些公理变成了逻辑定律（事实上就是§17 中的定律 II 与 V 而稍有改变）。所以全类与相等关系构成这个公理系统的一个模型，而我们的理论在逻辑中找到了一个解释。这样，如果我们使定理 I 与 II 中的符号“**S**”和“≅”代之以

“∨”与“=”，我们一定得到了真的语句（事实上，我们对它们也是熟悉的——参看§17的定律III与IV）。

其次让我们来考虑整个数的集合，或者数的其他集合，用“**N**”来代表它。两个数x与y称作相等的，写作

$$x \equiv y$$

如果它们的差$x-y$是一个整数；例如我们有

$$1\frac{1}{4} \equiv 5\frac{1}{4},$$

而下列的相等式则不成立

$$3 \equiv 2\frac{1}{3}。$$

如果将两个公理中的基本词项都换成“**N**”或“≡”，我们很容易证明，得到的语句是算术的两条定理。这样，我们的理论在算术中得到解释，因为数的集合**N**与相等关系构成这一公理系统的一个模型。并且不需要任何的特殊的推理，我们相信，如果定理I与II和公理一样经过同样的变换，将成为真的算术命题。

上面所描述的一般事实在方法论的研究方面有许多有兴趣的应用。我们这里只举一个例子来加以说明。我们将要说明，如何在这些事实的基础之上证明某些语句是不能从我们的公理系统中推出的。

让我们来考虑下面的语句**A**（只用逻辑词项和我们的理论的基本词项来构成的）：

A. 集合**S**中存在着两个元素x与y，而$x \cong y$不成立（换言之，存在着两个不全等的线段）。

这个语句看起来毫无疑问是真的，但是，在公理I与公理II

的基础上进行证明,得不出结果。这样就引起一个猜测,即语句 **A** 不能从我们的公理中推出。为了证实这个猜测,我们作下面的论证,如果语句 **A** 可以在我们的公理系统的基础上加以证明,则我们知道,这个系统的每一个模型都满足这个语句,所以,如果我们能够指出这一公理系统的某一个模型是不满足 **A** 的,我们就是证明了这一语句不能由公理 **I** 和公理 **II** 推出。现在要找到这样一个模型是毫不困难的。例如让我们考虑所有整数构成的集合 I(或者任何其他的整数集合,例如只包含 0 与 1 的集合)以及上面已经说过的相等关系≡。由前面所说的我们已经知道集合 **I** 与关系≡构成我们的公理系统的一个模型,而这一模型不能满足语句 **A**;因为不相等的两个整数 x 与 y,也就是说它们的差不是一个整数的 x 与 y 是不存在的。另一个满足这个目的的模型是一个任意的个体类,和任意两个个体中间的普遍关系 V。

上面所用的推理方法称作展示模型或凭借解释的证明方法。

这里所讨论的事实和观念不作很大的改变就可以应用到其他演绎理论上去。在下一节中,我们将以较一般的方式来描述它们。

§38. 演绎法定律;演绎科学的形式的特性

*我们考虑建立在一个基本词项和公理的系统之上的任意的演绎理论。为了使我们的问题简单化,我们设这一理论只假定逻辑,就是说,逻辑是在这一给定的理论之前的唯一理论(参看§36)。设想在我们的理论的所有命题中,基本词项都代之以适当的变项(像在§37 中一样,为了简单,我们不考虑包含被定义项的

定理)。这种理论的命题变成了语句函项,其中包含着那些代替基本词项的符号作为自由变项,而且只包含逻辑常项。当给定了某些东西的时候,我们可以确定它们是否满足我们的理论的所有公理,或者更精确地说,是否满足由那些公理所得到的语句函项(也就是说,当我们用这些事物的名字来代替自由变项时,这些语句函项是否成为真的语句,参看§2)。如果是这样,我们说这些被研究的事物构成我们的演绎理论的**公理系统的一种模型或实现**,有时候我们也说它们构成了这个演绎理论本身的一种模型。以类似的方式,我们可以确定,这些给定的事物是否不仅满足这一公理系统,而且满足我们的理论的其他命题系统,于是可以确定它们是否构成这一系统的一种模型(并不排除这一系统只包含一个命题的情形)。

例如,给定的理论的基本词项所代表的那些事物构成这一公理系统的一种模型,因为我们假定所有公理都是真的语句;这种模型自然满足我们的理论的所有定理。但是就我们的理论的结构而言,这一模型在所有模型之中并不占有特殊地位。当我们由公理推出一些定理来的时候,我们并不考虑这一模型的特殊性质,我们只利用那些在公理中明显陈述的性质,因而也就是属于这一公理系统的每个模型的性质。所以我们的理论的某一定理的每一证明都可以推广到公理系统的每一模型,因而可以变成一个更一般的论证,它不再是属于我们的理论的,而是属于逻辑的;而且由于这一推广,我们得到了一个一般性的逻辑命题(像前一节中定律I′与II′一样),它确定了这一事实,即有关的定理是我们的公理系统的每一个模型都满足的。最后得到的结论可以陈述如下:

一个给定的演绎理论的公理系统的任一模型满足这个理论的每一定理；并且对应于每一定理存在着一个一般性的命题，它在逻辑中可以陈述和证明，并且它确立了下列事实，即任一模型都满足有关定理。

我们这里有着一条属于演绎科学方法论范围的一般定律，当我们用更精确的方式加以陈述时，这条定律被称作演绎法定律(或演绎定理)①。

这一定律的重大的实际意义乃在于这一事实，即我们时常可以不离开演绎科学的范围，而找出某一特殊理论的公理系统的各种模型。为了要得到这样一个模型，只要从其他某一演绎理论(这一理论可以是逻辑或假定逻辑的一种理论)中选出某几个常项使它们在公理中代替基本词项，并说明这样得到的语句是那一理论中确立的命题。在这种情形下，我们说我们在另一理论中找到了原来的理论的公理系统的一个解释(在特殊情形下，选出的常项可能属于原来考虑的理论，在这种情形之下，某些基本词项可能保持不变，于是我们说，给定的公理系统在被考虑的理论之中，找到一个新的解释)。我们也将使原来的理论的定理经过类似的变换，将所有基本词项都代之以那些在建立公理的解释时已经用过的常项。根据演绎法定律，我们可以事先确信，这样得到的语句是新的理论中的断定的命题。这一点我们可以陈述如下：

在一个给定的公理系统的基础之上所证明的一切定理对于这

① 这条定律著者原是作为一条一般的方法论公设加以陈述的，后来证明在各种不同的特殊演绎理论中都能成立。

一系统的任一解释都是有效的。

对于这些变换了的定理中的任一个给以证明都是多余的；这是一种纯粹机械性质的工作，只要把公理和定理所经过的变换施加在原来的理论中的相应的论证上就可以了。可以说，一个演绎理论中的每一个证明都包含着无限个类似的证明。

上面所说的事实由节省人类思想的观点说明了演绎法的巨大价值。它们在演绎科学方法论中为不同的论证和研究建立了基础，只就这点来说，也是有很大的理论价值的。特别是演绎法定律，它是一切所谓凭借解释的证明的理论基础。在上一节中，我们遇到过一个这种证明的例子；我们在本书的第二部分将遇到各种其他的例子。

为了精确起见，需要补充说明，这里所讲的适用于任何以逻辑为前提的演绎理论，至于将它们应用于逻辑本身，则会造成一些困难，这些困难我们在这里不讨论了。如果一种演绎理论不仅以逻辑为前提，也以其他理论为前提，上面的说明就将具有更复杂的形式。

这里所讨论的方法论方面的现象的共同来源就是前一节中指出的事实，就是说，在构造一种演绎理论时，我们忽略公理的意义，而只考虑它们的形式。由于这种原因，当人们谈起这些现象时，人们就谈到演绎科学和这些科学中的推理的纯粹形式的特性。

有时我们发现一些以悖论式的和夸张的方式来强调数学的形式性的说法；虽然基本上是对的，这些说法可能造成模糊和混乱。有时我们听到或甚至于读到下面的说法，即数学的概念没有具体内容；在数学里我们不知道我们讨论的是什么，对于所作的判断是否真也没有兴趣。我们必须批判地看待这些判断。如果在构造一种理论时，我们在做法上宛如不了解这一学科的词项的意义，这不等于否认这些词项有意义。有时我们发展一种演绎理论而对于它的基本词项不赋予任何固定的意义，这样就是将这些基本词项看作变项，在这种情形之下，我们说我们将这一理论看作一种形式系统。但这是比较少见的情形(即便考虑到§36中对于演绎理论的一般刻划中所说的也是如此)。仅当对于这一理论的公理系统可能给以几种解释时，这种情形才会发生，也就是说，如果对于这一理论中的词项可以有几种不同的方式赋予意义，而我们不愿意特别着重任何一种时，才会发生。另一方面，一种不可能给以任何解释的形式系统是没有人对它感兴趣的。

最后我们要提到关于数学学科的解释的某些有兴趣的例子。这些例子比§37中所讲到的要重要得多。

算术的公理系统可以在几何中得到解释。给定任一直线时，可以定义一些在它的点之间，和对于这些点施加的运算之间的关系，而这些关系是能满足算术的全部公理的(从而也满足所有的定理)。而这些公理原来是关于数与数之间和关于数的运算之间的相应的关系的(这与§33中所提到的一种情形密切相关，即在一条线上的点与所有的数之间可以建立一一对应)。反过来，几何的公理系统在算术中也可以得到解释。这两项事实的应用是多方面的。例如几何图形可以用来给出算术中各种事实的可见的像(这就是称作图解法的方法)。另一方面我们可以利用算术或代数的方法来研究几何事实。几何有一个称作解析几何的分支，专门从事这一类的研究。

我们在前面已经看到，算术可以作为逻辑的一个部分而构造出来(参看§26)。但是如果我们将算术看作一个建立在它自己的基本词项和公理系统之上的演绎的理论,它与逻辑的关系可以描述如下:算术在逻辑中可以得到解释(假定逻辑中包括无穷公理,参看§26),换句话说,在逻辑中可以定义出那些满足算术的所有公理,从而也满足算术的所有定理的概念。如果我们记得,几何在算术中可以有解释,我们就得出结论说,几何在逻辑中也可以得到解释。所有这些都是从方法论的观点来看,特别重要的事实。*

§39.公理与基本词项的选择;它们的独立性

我们现在讨论一些带有特殊性的问题,而这些问题是有关演绎法的基本组成部分的,即基本词项与公理的选择和定义与证明的构造。

一个需要了解的很重要的事实是在基本词项和公理的选择中,我们有很大程度的自由。认为有某些表达式用任何方式都不能定义,有某些命题在理论上不能证明,是错误的。设一个给定的理论有两个语句系统,如果第一个系统中的每一个语句都可以从第二个系统中的语句,以及在先的理论的定理中推出,并且第二个系统中的每一语句可以从第一个系统的语句中推出,我们称这两个系统是等价的(如果任何语句在两个系统中都出现,那么它们自然不需要加以推导)。设某一个演绎理论是建立在某一公理系统之上,并在构造过程中,我们遇到一个与该公理系统等价的命题的系统。(在§37中所讨论的关于线段全等的微型理论中,可以找到具体的例子。很容易证明,它的公理系统与公理**I**和定理**I**,**II**

所构成的系统等价。）如果从理论的观点来看，有这种情形，那么可以重新构造整个的理论，而使新的系统中的命题成为公理，原来的公理成为定理。甚至于这些新公理可能在最初看起来并不显然，这也是不重要的。因为每一语句当它从其他显然的语句中以令人信服的方式推导出来时，就在一定程度上变成显然的。所有这些——加以必要的变更——同样适用于一个演绎理论的基本词项。这些词项的系统可以用有关的理论的任何其他的词项系统来代替，只要这两个系统是等价的，也就是第一个系统中的词项可以用第二个系统中的词项和在先的理论中的词项加以定义，反之亦然。我们决定选出某一公理和基本词项的系统而不选另一系统，并不是由于理论上的理由（或者至少不仅是由于理论上的理由）；其他的因素——实践方面的、教学方面的，甚至于美学方面的在这里起着作用。有时这是一个选出最简单的基本词项和公理的问题，然后或者我们希望基本词项和公理愈少愈好，或者我们希望要一些基本词项和公理，这些基本词项和公理能够以最简单的方式来定义一个我们特别有兴趣的给定的理论的词项，和证明其中的命题。

另一问题与上面所说的密切相关。基本上我们企图得到一个不包含多余的命题的公理系统，而所谓多余的，就是可以由其余的公理推出，因而可以算作构造中的理论的定理的。这种公理系统称作独立的（或公理彼此独立的系统）。我们同样也注意使得基本词项系统是独立的，就是说，它不包含任何可以用其他词项定义的多余的词项。但时常由于实践的或教学上的理由，我们并不坚持这些方法论方面的原则，特别是当着如果省去了一个多余的公理或基本词项就会使理论的构造变得很复杂的时候。

§40. 定义与证明的形式化，形式化的演绎理论

我们有理由认为演绎方法是构造科学时所用的方法中最完善的一个。它在很大程度上消除了误差和模糊不清之处，而不会陷于无穷倒退。由于这个方法，对于一个给定的理论的概念的内容和定理的真实性提出怀疑的理由大为减少，最多只对于少数基本词项和公理而言，仍旧存在。

但对于这一说法需要有一项保留，仅当所有的定义和证明都完全能完成它们的任务，也就是仅当定义能使所有被定义的词项的意义都完全清楚，而且证明能完全令人信服地说明了所有待证明的定理的有效性时，演绎法的应用才能得到预期的结果。要检查定义和证明是否真正满足了这些要求并不是一件容易事。例如很可能对某一个人来说是令人信服的论证，对另外一个人来说，却是不可理解的。为了消去在这方面引起怀疑的根源，现代方法论在检查定义和证明时，努力用客观性质的标准来代替主观的估价，完全根据定义和证明的结构，也就是它们的外形来判定它们是否正确。为了这个目的，特别提出了**定义规则**和**证明规则**（或**推理规则**）。第一种告诉我们那些作为所考虑的理论中的定义的语句要具有什么样的形式，第二种描述了为了从这一理论的某些命题推出另外一些命题时，所要经过的变换。每条定义必须按照定义规则来下，每一个证明必须是**完全的**，也就是说，它必须包含着证明规则对于已经承认为真的语句的一系列的应用（参看 §11 与

§15）。这些新的方法论的公设可以称作定义与证明的形式化的公设。按照这些新的公设构造起来的学科称作形式化的演绎理论[1]。

由于这种形式化的公设，数学的形式的特性大为增加。还在演绎方法发展的早期，在构造一门数学学科时，我们已经假定地忽略该学科所特有的一切表达式的意义，宛如这些表达式都已经用变项来代替，而缺乏任何独立的意义。但至少对于逻辑概念我们是可以赋予习用的意义的。这样，一种数学学科的公理和定理如果不是作为语句来处理，至少是作为语句函项来处理，也就是作为具有语句的语法形式、而表达事物的某些性质或事物间的某些关系的表达式。从已经被接受的公理（或已经证明的定理）推出一条定理就是证明所有满足公理的事物也满足有关的定理；数学的证明和日常生活中的考虑相去不远。但现在却是全部忽略在给定的学科中所遇到的所有表达式的意义。并且我们认为在构造一种演绎理论时，可以认为这一理论中的语句是没有任何内客的符号的组合；而每一证明则是使公理或已证明的定理经过一系列外形上的变换。

根据现代的需要，逻辑之作为数学的基础有其更深刻的意义。我们不再满足于下面的想法，即认为由于天生的或后天获得的正确思维的能力，我们的论证是符合逻辑的规则的。为了对于一条

①　最先使演绎理论具有形式化形式的人是弗莱格，前面已两次引用到他（参看第18页§7注①）。在已故的波兰逻辑学者列斯尼夫斯基（S. Leśniewski，1886—1939）的著作中，形式化的过程达到了非常高的程度。他的成就之一是关于定义规则的精确而完全的陈述。

定理作出完全的证明，这就必须将证明规则所规定的变换不仅应用在我们所研究的理论的命题之上，而且应用到逻辑命题之上（以及其他的在先理论之上），并且为了这个目的，我们必须把可以用到证明上去的所有逻辑定律全部列举出来。

至少在理论上可以说，只是由于演绎逻辑的发展，我们今天能够使每一门数学学科都具有形式化的形式。但是在实践上仍有很大的问题，精确性和方法论的正确性的增加却使明白性和可理解性受到损失。整个问题是比较新的，有关的研究还没有结束，我们有理由希望，进一步的研究将得到根本的简化。所以如果现在在一门数学的通俗讲述中完全按照形式化的公设去做是为时过早的。特别是如果要求某一门数学的一本普通教本的定理的证明都具有完全的形式，那是不合理的。但我们可以期望一本教本的作者在直观上完全确定，所有他的证明都能变成那种形式，并且甚至于讲到一定的地步，使得一个在演绎思维方面有一些经验并且有充足的现代逻辑知识的读者能够不太困难就填补上那些空隙。

§41. 一个演绎理论的无矛盾性与完全性；判定问题

我们现在来考虑两个方法论方面的概念，这两个概念从理论的观点来看，十分重要，而在实用上是意义很小的。这些就是无矛盾性与完全性的概念。

一个演绎理论称作无矛盾的或一致的，如果在这一理论中，没有两个断定的命题互相矛盾，换言之，如果在两个互相矛盾的语句之中（参看§7），至少有一个是不能证明的。一个理论称作完全的，如果在两个由这一理论（以及在它前面的理论）的词项陈述出来而且互相矛盾的语句之中，至少有一个是在这个理论中能够证明的。如果一个语句的否定在一个给定的理论中是能够证明的，则我们时常说，这一语句在这个理论中能够被否证。利用这一术语，我们可以说，一个演绎理论是无矛盾的，如果在其中没有任何语句是既能证明又能否证的；一个理论是完全的，如果其中的每一语句或者能够证明或者能够否证。“无矛盾的”和“完全的”这两个词不仅可应用于一种理论，而且可应用于作为这一理论的基础的公理系统。

现在让我们对于这两个概念的含义得出一个清楚的概念。对于一个学科，如果我们有理由怀疑，并非其中的所有断定的命题都是真的，则即使这一学科在方法论的各方面都是正确地构造起来的，它在我们眼里也将失去价值。另一方面，在一个学科之中，能证明的真语句的数目愈多，则这一学科的价值愈大。由这一观点来看，如果一个学科在它的断定的命题之中，包括了所有与这个理论有关的真语句，而不包括任何假的语句，则这一学科可以算作理想的。在这里一个语句算作相关的，如果它是完全由现在所考虑的学科的词项（及其在前的学科的词项）陈述出来的。归根到底，举例说，我们不能期望在算术中能够证明那些包含化学或生物学的概念的真的语句。现在设一个演绎理论是矛盾的，也就是说，在它的公理与定理中有两个互相矛盾的语句；根据一条著名的逻辑定律，即矛盾律（参看§13），这两个语句之中必定有一个是假的。如果另一方面，我们假定这个理论是不完全的，那么就是有着两个相关而互相矛盾的语句，其中的任何一个都不能证明，而根据另一条逻辑定律,即排中律,这两个语句之中必定有一个是真的。我们由此看出,一个演绎理论如果不是既无矛盾又完全,就不能达到我们的理想。(我们并不是要说,每一个既无矛盾又完全的学科必定事实上是我们的理想的实现,也就是说,它必定在它的断定的命题中包含了所有真的语句和只是这些语句。)

我们所考虑的问题还有另外的一面。任一演绎科学的发展都是利用这一科学中的词项陈述出下列类型的问题,即:情形是这样吗?然后根据已经假定的公理,设法判定这些问题。这一类型的问题显然可以判定为两种可能中的一种,即肯定的或否定的。在第一种情形下,答案是"情形是这样",在第二种情形下,答案是"情形不是这样"。一个演绎理论的公理系统的无矛盾性和完全性就保证了上面所说的那种问题的每一个在这一理论中可实际加以判定,并且只能以一种方式判定。无矛盾性排除任何问题以两种方式判定的可能性,即既肯定又否定,而完全性则保证至少可有一种方式加以判定。

和完全性问题紧密相连的是另外一个更一般的问题,一个与不完全的与完全的理论都有关的问题。这个问题就是对于给定的演绎理论找出一个一般的方法,使我们能够判定由这一理论的词项所构成的任一语句是否能在这一理论中加以证明。这一重要的问题称作判定问题[①]。

只有少数的演绎理论,我们可能说明它们是无矛盾的和完全

① 希尔伯特特别强调这一节中所讨论的概念和问题的意义——特别是无矛盾性与判定问题的概念。他推动了数学基础方面许多重要研究。由于他的倡议,这些问题近来成为许多数学家和逻辑学家大力研究的对象。

的。它们一般都是逻辑结构简单，包含概念不多的初等理论。第II章中已经讨论过的语句演算是一个例子。假如我们把它看作一个独立的理论而不看作逻辑的一部分（但是当我们把“完全的”这一词应用到这一理论时，意义略有改变）。既无矛盾又完全的一个最有兴趣的例子可能是初等几何。这里所说的几何是限于若干世纪以来作为初等数学的一部分在中等学校中讲授的内容，也就是说，是一门研究各种特殊的几何图形如直线、平面、三角形、圆等性质，而不考虑几何图形的一般概念（点的集合）。[①] 我们要是考虑算术和高等几何，情形就根本不同。可能研究这些科学的人没有人怀疑它们的无矛盾性，但是根据最近方法论方面的研究，关于它们的无矛盾性的一个严格的证明遇到了带有根本性的困难。完全性的情形更糟，算术和高等几何已被发现是不完全的，因为可以构造出一些算术的或几何的问题，而这些问题在这些学科中既不能加以肯定地判定，也不能否定地判定。也许可以设想，这一事实的产生是由于我们现有的公理系统和证明方法有缺点，作适当的改进后（如扩充公理系统），在将来可能得到完全的系统。但更进一步的研究已经说明，这项猜测是错误的。要想建立一个既无矛盾又完全的演绎理论，其中包括了全部的关于算术或高等几何的真的语句作为它的定理，那是永远不可能的。其次我们发现判定问题在这学科中同样是不能解决的。不可能找到一个一般的方法使我们能够辨别这些学科中哪些语句是可证的，哪些是不可证的。

---

① 语句演算的完全性的第一个证明（也就是关于完全性的研究的第一个成功）应归功于美国现代逻辑学家波斯特（E. L. Post）。初等几何完全性的证明是著者做出来的。

这些结果可以推广到许多别的演绎科学，特别是可以推广到所有那些以整数算术（就是关于整数的四种基本运算的理论）为前提或可以发展出这一理论的那些演绎科学。* 例如，这些结果可以应用到类的一般理论（根据 § 26 末尾的说明可以推出）。*①

由于上面所说的，可以了解无矛盾性和完全性的概念虽然在理论上很重要，而在实际构造演绎科学时却没有什么影响。

§ 42. 演绎科学方法论的扩大的概念

关于无矛盾性和完全性的研究是使得方法论的研究范围扩充的重要因素，也是使得演绎科学方法论的全部性质发生根本改变的重要因素。本章开头所提出的方法论的概念在这一科学的历史发展过程中，已被发现是太狭了。对于在演绎科学的实际构造中所应用的方法进行分析和估价已不再是方法论的唯一的任务，甚至于已不再是它的重要任务。演绎科学方法论已经变成了一门关于演绎科学的一般性的科学，就像算术是关于数的科学，几何是关于几何图形的科学。在现代方法论中，我们不仅研究构成演绎理论的语句，并且研究这些理论的本身。我们考虑组成这些语句的符号与表达式，表达式与语句的性质和集合，它们中间的关系（例如推出关系），甚至于表达式与它们所“谈到”的那些事物的关系（例如指示关系）；我们

① 这些极端重要的成就是现代奥地利逻辑学家哥德尔作出来的。他的有关判定问题的结果又经现代美国逻辑学家车尔赤（A. Church）加以扩充。

建立关于这些概念的一般定律。

* 因此可以得出这样的结论,就是说,那些指示出现在演绎理论中的表达式以及这些表达式的性质和它们之间的关系的词项不属于逻辑的范围,而属于演绎科学方法论。这特别适用于本书前几章中引入和用过的某些概念,例如"变项","语句函项","量词","结论"以及其他许多概念。为了使我们对于逻辑的词项与方法论的词项之间的区别弄得更清楚一些起见,让我们来考虑"或"与"析取式"这两个词。"或"字自然是属于逻辑的,即属于语句演算的,虽然它也在所有其他科学中、因此也就在方法论中应用。另一方面,"析取式"这个词是指示借助于"或"字构造出来的语句,它是方法论的词项的一个典型的例子。

读者们也许会感到惊讶,在关于逻辑的各章中,我们应用了这样多的方法论中的词项。但解释是比较简单的。一方面,我们在§9中已经提过的一种情形在这里起着重要的作用,这就是在数学家与逻辑学家中间习惯于用包含方法论的词项的短语作为某些纯粹是数学性质或逻辑性质的表达式的同义词(有时是为了文体的理由),在某种程度上,我们在本书中也是这样用的。但在另一方面,这里还有一个更重要的因素;在本书中我们没有企图以一种系统的方法构造起逻辑来,而只是谈论逻辑,讨论和评论它的概念与定律。但我们知道(根据§18)当我们谈论逻辑概念时,我们必须使用这些概念的名称,也就是那些已经属于方法论的词项。如果我们将逻辑构造为一种演绎理论,而对于它不作任何评论,那些方法论的词项将只在定义和推理的规则的陈述中出现。*

由于方法论的发展，在这方面需要应用新的更精密的和更准确的探讨方法。方法论和构成它的研究对象的那些科学一样，也具有演绎科学的形式。由于研究范围的扩充，“演绎科学方法论”这一名词的本身看起来已不太合适；事实上“方法论”仅指“关于方法的科学”。所以现在时常用其他名词代替这一名词，例如“证明论”（这并不太好）或“元逻辑与元数学”（这好得多），这个名词的含义是和“关于逻辑与数学的科学”差不多是一样的。还有一个名词近来开始在使用，就是“逻辑语法与演绎科学的语义学”，这个名词着重指出了演绎科学方法论与日常语言的文法的相似之处。①

练　习

1. 第 IV 章中所考虑的类的运算可以作为一个独立的演绎理论构造起来，并且只假定语句演算，在这项构造中，我们将“$\vee$”，“$\wedge$”，“$\subset$”这几个符号和 § 25 中所引进的所有的运算符号作为基本词项。我们并设定下列九条公理②：

公理 I.　$K\subset K$

① 广义的演绎科学方法论是一门非常年轻的科学。它的显著的发展是在大约 20 年前才开始的；同时在两个不同的中心发展起来（看来是彼此独立的）。这就是哥丁根与华沙，哥丁根是在希尔伯特（参看第 127 页 § 36 注①）与贝尔纳斯（P. Bernays）的影响之下，在华沙则有列斯尼夫斯基与路加西维契以及其他一些人在工作着（参看第 141 页 § 40 注①和第 18 页 § 7 注①）。

② 这里给出的公理系统主要是习玉德的工作（参看第 93 页 § 27 注①）。现代美国数学家亨丁顿（E. V. Huntington）曾发表了若干种类的演算的简单的和有兴趣的公理系统。有一些关于逻辑和数学理论的公理基础的重要贡献也应归功于他。

公理 II. 如果 $K\subset L$ 并且 $L\subset M$,那么 $K\subset M$

公理 III. $K\cup L\subset M$ 当且仅当 $K\subset M$ 并且 $L\subset M$

公理 IV. $M\subset K\cap L$ 当且仅当 $M\subset K$ 并且 $M\subset L$

公理 V. $K\cap(L\cup M)\subset(K\cap L)\cup(K\cap M)$

公理 VI. $K\subset\vee$

公理 VII. $\wedge\subset K$

公理 VIII. $\vee\subset K\cup K'$

公理 IX. $K\cap K'\subset\wedge$

由这些公理我们可以推出各种定理、试证明下列的定理(利用所附的提示)。

定理 I.　$K\cup K\subset K$

提示:将公理 III 中的"L"和"M"换成"K",注意这个等值式的右边是为任一类 K 所满足的(根据公理 I),所以左边也必定是永远被满足的。

定理 II. $K\subset K\cap K$

提示:这一证明用到公理 IV 与公理 I,并与定理 I 的证明相似。

定理 III. $K\subset K\cup L$ 并且 $L\subset K\cup L$

提示:在公理 III 中以"$K\cup L$"代"M",注意由于公理 I,这个等值的左边是永远被满足的。

定理 IV. $K\cap L\subset K$ 并且 $K\cap L\subset L$

提示:这一证明与定理 III 的证明相仿。

定理 V. $K\cup L\subset L\cup K$

提示:在公理 III 中以"$L\cup K$"代"M"。并将这样得到的等值式的右边与定理 III 比较(其中“K”代之以“L”,“L”代之以“K”)。

定理 VI. $K \cap L \subset L \cap K$

提示:这个证明根据公理 IV 和定理 IV,并与定理 V 的证明相仿。

定理 VII. 如果 $L \subset M$,那么 $K \cup L \subset K \cup M$。

提示:设这一定理的题设成立,而推出下列的公式:

$$K \subset K \cup M \text{ 并且 } L \subset K \cup M$$

(第一个公式可由定理 III 直接得出,第二个公式则可以利用公理 II,由题设及定理 III 推出)。应用公理 III 于这些公式。

定理 VIII. 如果 $L \subset M$,那么 $K \cap L \subset K \cap M$。

提示:这个证明与前一定理的证明相仿。

定理 IX. $K \cap L \subset K \cap (L \cup M)$ 并且 $K \cap M \subset K \cap (L \cup M)$。

提示:在定理 III 中,将“K”换成“L”,将“L”换成“M”,然后再应用定理 VIII。

定理 X. $(K \cap L) \cup (K \cap M) \subset K \cap (L \cup M)$

提示:这一定理可由公理 III 及定理 IX 推出。

在以上定理的证明中起最重要的作用的公理 III 与 IV 称作**合成律**(对于类的加法和乘法而言)。

2. 在前一习题中所构造的类的运算中,我们可以引进等号“$=$”,并定义如下:

定义 I. $K = L$ 当且仅当 $K \subset L$ 并且 $L \subset K$。

试由习题 1 中的公理和定理以及上述定义推出下列定理:

定理 XI. $K = K$

提示：将定义 I 中的“L”换成“K”并应用公理 I。

定理 XII. 如果 $K=L$，那么 $L=K$。

提示：将定义 I 中的“K”换成“L”，将“L”换成“K”。将这样得来的结果与原来的定义 I 作比较。

定理 XIII. 如果 $K=L$ 并且 $L=M$，那么 $K=M$。

提示：这一定理可由定义 I 及公理 II 推出。

定理 XIV $K\cup K=K$

提示：将定义 I 中的“K”代之以“$K\cup K$”，并将“L”代之以“K”；应用定理 I 及定理 III（其中“L”代之以“K”）。

定理 XV　$K\cap K=K$

提示：这一证明与前一定理的证明相仿。

定理 XVI　$K\cup L=L\cup K$

提示：由定理 V 我们有：

$$K\cup L\subset L\cup K \text{ 和 } L\cup K\subset K\cup L$$

对这些公式应用定义 I。

定理 XVII　$K\cap L=L\cap K$

提示：这一证明与定理 XVI 的证明相仿。

定理 XVIII. $K\cap(L\cup M)=(K\cap L)\cup(K\cap M)$。

提示：这一定理可由定义 I，公理 V 与定理 X 推出。

定理 XIX　$K\cup K'=\vee$

提示；这一定理可以借助于定义 I，由公理 VI（其中“K”代之以“$K\cup K'$”）及公理 VIII 推出。

定理 XX　$K\cap K'=\wedge$

提示：应用定义 I，公理 VII 和公理 IX。

注意这一习题和前一习题中的公理和定理哪些是第 IV 章(或者可能是第 III 章)中已经有的;回忆它们的名称。

3.设在习题 1 与习题 2 中所讨论的类的运算的系统中引进一个新符号“)(”,用以代表类之间的某种关系,并定义如下:

$K\ )(\ L$ 当且仅当 $K \subset L, L \subset K$ 与 $K \cap L = \Lambda$ 均不成立。

这样定义的关系是否与§24 中所定义的有些关系相同?令符号“)(”代表各类之间互不相交的关系。如何在我们的类的运算的系统中定义这一符号?

4.试举出§37 中所考虑的公理系统在算术及几何中的几种解释。

由一切数构成的集合,加上小于关系是否是这一公理系统的一个模型?由一切直线构成的集合加上直线间的平行关系是否是这种模型之一?

5.在§37 中所讨论的几何的片断中,线段间的较短关系可定义如下:

我们说 x 较 y 为短,记作:$x<y$,如果 x 与 y 是线段并且如果 x 与一个线段全等而这一线段是 y 的一部分;换言之,如果 $x \in \mathrm{S}$, $y \in \mathrm{S}$ 并且如果存在 z 而使得 $z \in \mathrm{S}, z \subset y, z \neq y$ 并且 $x \cong z$。

区别这个句子中的被定义者与定义者。判定在定义者之中出现的词项属于什么学科(或者属于逻辑的哪一部分)。这一定义是否符合§36 中的方法论的原则和§11 中的定义规则?

6.如果只考虑§15 中所讲的证明规则,§37 中定理 I 的证明是否是一个完全的证明?

7.除定理 I 与 II 以外,下列的定理可由§37 的公理中推出:

定理 III. 对于集合 **S** 中的任意的元素 x, y 与 z，如果 $x \cong y$ 并且 $x \cong z$，那么 $y \cong z$。

定理 IV. 对于集合 **S** 中任意的元素 x, y 与 z，如果 $x \cong y$ 并且 $y \cong z$，那么 $z \cong x$。

定理 V. 对于集合 **S** 中的任意的元素 x, y, z 与 t，如果 $x \cong y$，$y \cong z$，并且 $z \cong t$，那么 $x \cong t$。

对于下列的语句系统与公理 I 和 II 所组成的系统的等价性（如 § 39 中所定义者）给以严格的证明（所以每一个都可以用来作为一个新的公理系统）：

(a) 由公理 I 与定理 I 和定理 II 所组成的系统；

(b) 由公理 I 与定理 III 所组成的系统；

(c) 由公理 I 与定理 IV 所组成的系统；

(d) 由公理 I 与定理 I 和定理 V 所组成的系统。

8. 按照 § 37 中所讲的方法，陈述出关系理论的一般定律，作为前面习题中所得到的结果的推广。

提示：例如这些定律可以具有等值式的形式，而开头一段话为：

关系 R 是自反的并且在类 K 中具有性质 **P**，当且仅当……

9. 考虑习题 7 中的语句系统(a)、指出满足下列条件的模型：

(a) 满足这一系统的前两个语句，但不满足末一个；

(b) 满足第一个与第三个，但不满足第二个，

(c) 满足后两个，但不满足第一个。

由三个语句中的任意两个可以推出其他一个，这样的模型是存在的，由这一事实可以得出什么结论？这些语句是否彼此独立？

(参看§37与§39)

10.有时候有这种抱怨,就是说,在不同的几何教本中有着差异,即有的教本中当作定理的语句,在其他教本中却采用作公理,从而不给出证明,这种抱怨有根据吗?

*11.在§13中我们熟悉了真值表的方法,这一方法使我们能够在任一特殊情形中判定语句演算中的一个给定的语句是否是真的,因而是否可以承认为这一演算中的一条定律。在应用这一方法时,对于那些在真值表中出现的符号"T"与"F",我们可以完全忘却原来赋予它们的意义,我们可以设定,这一方法主要是在构造语句演算时应用两条规则,第一条接近于定义的规则,第二条接近于证明的规则。按照第一条规则,如果我们要在语句演算中引进一个常项,我们必须构造出包含这个项的最简单的(同时也是最一般的)语句函项的基本真值表。按照第二条规则,如果我们要肯定一个语句(只包含那些基本真值表已经构造出来的常项)是语句演算的定律,我们必须为这个语句构造出一个导出真值表并证实符号"F"在这个表的末一行中从不出现。

只用这两条规则构造出来的语句演算具有与形式化的演绎理论相近的性质。试根据§40中所讲的来证明这一命题。但注意这一构造语句演算的方法与§36中所讨论的构造演绎理论的一般原则的不同之处。利用现在所考虑的方法,是否可能在语句演算中分别基本词项与被定义词项?有哪些区别在这里分不出来?

*12.应用上一习题中所描述的真值表方法,我们可以在语句演算中引入一些在第II章中没有讨论的新的词项,例如我们可以引进符号"△",而将下列语句函项:

$$p \triangle q$$

看作

既非 p 又非 q

这一表达式的缩写。

构造出符合符号“△”的直观意义的真值表，并且借助于导出真值表，证实下列的语句是真的并且可以肯定为语句演算的定律：

$(\sim p) \leftrightarrow (p \triangle p)$

$(p \vee q) \leftrightarrow [(p \triangle q) \triangle (p \triangle q)]$

$(p \rightarrow q) \leftrightarrow \{[(p \triangle p) \triangle q] \triangle [(p \triangle p) \triangle q]\}$

*13.存在一个将语句演算构造成为一个形式化的演绎理论的方法，这个方法与习题 11 中所描述的不同，而完全符合 § 36 与 § 40 中所提出的原则①。例如我们可以设符号“→”，“↔”与“～”为基本词项，并设下列七个语句为语句演算的公理：

公理 I. $p \rightarrow (q \rightarrow p)$

公理 II. $[p \rightarrow (p \rightarrow q)] \rightarrow (p \rightarrow q)$

公理 III. $(p \rightarrow q) \rightarrow [(q \rightarrow r) \rightarrow (p \rightarrow r)]$

公理 IV. $(p \leftrightarrow q) \rightarrow (p \rightarrow q)$

公理 V. $(p \leftrightarrow q) \rightarrow (q \rightarrow p)$

公理 VI. $(p \rightarrow q) \rightarrow [(q \rightarrow p) \rightarrow (p \leftrightarrow q)]$

公理 VII. $[(\sim q) \rightarrow (\sim p)] \rightarrow (p \rightarrow q)$

其次，我们同意在证明中应用两条推理规则，这两条规则是我们已经熟悉的，即代入规则与分离规则。（为了十分精确地陈述这

① 这个方法来源于弗莱格（参阅第 18 页注①）。

些规则，特别是代入规则，我们必须确定用括弧的方法，并规定在我们的演算中，把那些表达式看作是语句函项，从而可以用来替换变项。这项工作是不太困难的。)

借助于这些推理规则，我们现在可以从我们的公理推出一些定理、给出下列定理的完全证明(利用在它们下面的提示)。

定理 I. $p \to p$

提示：在公理 I 与 II 中，以"p"代替"q"；注意这样得出来的第一个语句与第二个语句的前件完全一样，于是应用分离规则。

定理 II. $p \to \{(p \to q) \to [(p \to q) \to q]\}$

提示：在公理 I 中，用"$(p \to q)$"代替"q"；在公理 III 中将"p"，"q"与"r"分别代之以"$(p \to q)$"，"p"及"q"，注意这样得到的第一个蕴函式的后件与第二个蕴函式的前件相同。现在在公理 III 中，用第二个蕴函式的前件代替"q"并且用它的后件代替"r"(作为第一个蕴函式的前件的"p"不变)。然后应用分离规则两次——这一证明是以公理 III 为根据的推理的标准例子，而公理 III 是假言三段论定律的另一形式(参看 § 12)。

定理 III. $p \to [(p \to q) \to q]$

提示：这一证明与定理 II 的证明相仿。利用代入由公理 II 推出下列语句：

$$\{(p \to q) \to [(p \to q) \to q]\} \to [(p \to q) \to q]$$

将这一语句的前件与定理 II 的后件作比较；于是在公理 III 中作适当的代入，并应用分离规则两次。

定理 IV. $[p \to (q \to r)] \to [q \to (p \to r)]$

提示：利用代入由公理 III 推出下列语句：

(1)　　$[p\to(q\to r)]\to\{[(q\to r)\to r]\to(p\to r)\}$

其次，在公理 III 中，将“p”，“q”与“r”分别代之以“q”，“$[(q\to r)\to r]$”与“$(p\to r)$”。注意这样推出来的蕴函式的前件可以在定理 III 中进行代入而得到。进行这一代入并应用分离规则而推出。

(2)　　$\{[(q\to r)\to r]\to(p\to r)\}\to[q\to(p\to r)]$

注意(1)的后件与(2)的前件相同；然后像定理 II 的证明中一样来进行(再应用公理 III)——定理 IV 称作交换律。

定理 V. $(\sim p)\to(p\to q)$

提示：利用代入由公理 I 得出

$$(\sim p)\to[(\sim q)\to(\sim p)]$$

注意这一语句的后件与有一条公理的前件相同，然后像定理 II 的证明中一样去做。

定理 VI. $p\to[(\sim p)\to q]$

提示：在定理 IV 中进行代入而使由此得到的蕴函式的前件将是定理 V，然后应用分离规则——我们在这里有着一个以交换律为根据的推理的标准的例子。

定理 VII. $[\sim(\sim p)]\to(q\to p)$

提示：这一证明与定理 II 的证明相仿。由定理 V 及公理 VII 推出：

$[\sim(\sim p)]\to[(\sim p)\to(\sim q)]$和$[(\sim p)\to(\sim q)]\to(q\to p)$

比较这些语句的前后件。

定理 VIII. $[\sim(\sim p)]\to p$

提示：与定理 VI 的证明一样，先由定理 IV 与 VII 中推出下列语句：

$q \to \{[\sim(\sim p)] \to p\}$

在这一语句中，用我们的公理中的任一条代替“q”，并应用分离规则。

定理 IX. $p \to [\sim(\sim p)]$

提示：在公理 VII 及定理 VIII 之中进行适当代入，使得可以应用分离规则。

定理 X. $[\sim(\sim p)] \leftrightarrow p$

提示：在公理 VI 中进行代入并应用分离规则两次，就可以从公理 VI 与定理 VIII 和定理 IX 推出这一定理。

* 14. 如果要能够在前面习题所描述的语句演算的系统中引进被定义的词项，我们必须假定一条定义的规则。按照这条规则（参看 § 11），每一定义都具有等值式的形式。被定义者是一个表达式，其中除语句变项外，只包含一个常项，即被定义的词项，并且没有一个符号在这个表达式中可以出现两次。定义者是一个任意的语句函项，其中刚好包含着与被定义者之中相同的变项，并且所包含的常项只限于基本词项和前面已定义的词项，例如，我们可以承认下列关于符号“∨”与“∧”的定义：

定义 I. $(p \vee q) \leftrightarrow [(\sim p) \to q]$

定义 II. $(p \wedge q) \leftrightarrow \{\sim[(\sim p) \vee (\sim q)]\}$

借助于代入规则和分离规则，由上述定义以及习题 13 中的公理和定理，推出下列的定理：

定理 XI. $[(\sim p) \to q] \to (p \vee q)$

提示：在公理 V 中，以“$(p \vee q)$”代替“p”并且以“$[(\sim p) \to$

$q]$”代替“q”；将这样得出的语句与定义 I 作比较并应用分离规则。

定理 XII. $p \vee (\sim p)$

提示：应用代入规则两次和分离规则一次，可以从定理 XI 和定理 I 中推出这一定理。

定理 XIII. $p \rightarrow (p \vee q)$

提示：这一证明是建立在公理 III 和定理 VI 与定理 XI 之上的，并与定理 II 的证明很相似（只对于公理 III 应用了代入规则）。

定理 XIV. $(p \wedge q) \rightarrow \{\sim[(\sim p) \vee (\sim q)]\}$

提示：这一建立在公理 IV 和定义 II 之上的证明是与定理 XI 的证明相似的。

定理 XV. $\{\sim[\sim(p \wedge q)]\} \rightarrow \{\sim[(\sim p) \vee (\sim q)]\}$

提示：这一证明是建立在公理 III 和定理 VIII 与定理 XIV 之上的，并与定理 II 的证明相仿。在定理 VIII 中，以“$(p \wedge q)$”代替“p”并将由此得来的蕴函式的后件与定理 XIV 的前件相比较。

定理 XVI. $[(\sim p) \vee (\sim q)] \rightarrow [\sim(p \wedge q)]$

提示：在公理 VII 中进行代入，使得由此得来的蕴函式的前件成为定理 XV。

定理 XVII. $(\sim p) \rightarrow [\sim(p \wedge q)]$

提示：这一证明是与定理 II 的证明相仿的。在定理 XIII 中以“$(\sim p)$”代替“p”，以“$(\sim q)$”代替“q”；并将由此得来的语句与定理 XVI 相比较。

定理 XVIII. $(p \wedge q) \rightarrow p$

提示：由公理 VII 及定理 XVII 中推出此定理。

注意这一习题和前一习题中的公理和定理那些是我们在第 II 章中已经熟悉的，并回忆它们的名称。

*15. 按照前一习题中给出的定义规则，陈述符号“△”的定义（参看习题 12），在定义者之中必须出现两个常项：“～”与“∧”。

*16. 利用真值表的方法证明习题 13 与 14 中所有的公理与定义，以及习题 15 中提出的定义都是真的语句。试由此作出下列的结论，即所有应用代入规则与分离规则由上述的公理与定义推出的定理在用真值表方法加以检验时都被发现为真的语句。

（也可以证明，语句演算中每一个真实性可用真值表方法加以证实的语句或者是公理和定义中的一条，或者是可以利用我们的推理规则由它们推出，因此，在习题 11、13 和 14 中所讨论的两种构造语句演算的方法是完全等值的，但这项工作要困难得多。）

*17. 习题 11、13、14 中所讨论的构造语句演算的方法之中有一种提供了这一演算的判定问题（参看 § 41）的解法，并且使我们能够很容易说明，语句演算是一种无矛盾的演绎的理论。这个方法是什么？并且如何说明？

*18. 语句演算中有下列的定律：

对于任意的 p 与 q，如果 p 并且非 p，那么 q。

试在这条逻辑定律的基础上，建立下列的方法论的定律：

如果一个以语句演算为前提的演绎的理论的公理系统是矛盾的，那么用这个理论的词项陈述的所有语句都可以由这个系统中推山来。

*19. 已知下列方法论的定律成立：

如果一个演绎的理论的公理系统是完全的，并且如果在这个系统中加进了一个语句，这个语句是可以在这个理论中陈述出来，但不能加以证明的，那么这样扩充了的公理系统不再是无矛盾的。

为什么？

*20. 把第(II)章中那些按照§42中所讲的应当属于演绎科学方法论范围的词项挑出来。

第二部分　逻辑和方法论在构造数学理论中的应用

(VII)一个数学理论的构造：数的次序的定律

§43. 构造中的理论的基本词项;关于数与数之间基本关系的公理

有了逻辑和方法论领域的一些知识供我们使用,我们现在来着手建立一个特殊的,并且非常初等的数学理论的基础。对于我们,这将是一个很好的机会,来较好地消化我们以前获得的知识,甚至略略加以扩充。

我们将着手的理论构成实数算术的一小部分。它包括关于数与数之间小于和大于两个基本关系的主要定理,以及数的加法和减法两个基本运算的主要定理。它不假定逻辑以外的任何东西。

在这个理论中,我们将要采取的基本词项如下:

实数，

是小于，

是大于，

和。

像早先一样，我们将简单地说“数”来代替“实数”。并且以“所有的数构成的集合”这一表达式来代替“数”这一词项作为基本词项，要更方便一些。为简单起见，我们将用符号“**N**”来代替“所有的数构成的集合”这一表达式；这样，要表示 x 是一个数，我们就写：

$$x \in \mathbf{N}。$$

另一方面，我们可以规定，我们的理论的论域只包括实数，而且变项“x”，“y”，……只代表数的名字；在这种情形下，“实数”这一个词项在表示我们的理论的命题时，将完全可以省去，而当需要的时候，符号“**N**”可以代之以“$\vee$”(参看§23)。

“是小于”和“是大于”这两个表达式的每一个，将要当作只由单个的字组成的实体来处理；它们将分别地为比较简单的符号“$<$”和“$>$”所代替，我们也将用习用的符号“$\nless$”和“$\ngtr$”来代替“不小于”和“不大于”。此外，我们将使用习用的符号

$$x+y$$

来代替“数(被加数)x 与 y 之和”或“x 与 y 相加的结果”。

于是，符号“**N**”就指一个集合，符号“$<$”和“$>$”指两个二项关系，最后，符号“$+$”指一个二项运算。

我们所考虑的理论的公理可以分成两类，第一类公理表示小于和大于两种关系的基本性质，至于第二类公理，则主要是关于加

法的基本性质。现在我们将只考虑第一类公理；它总共包括五个命题：

公理 1. 对于任何数 x 和 y（也就是，对于集合 N 的任意二元素）我们有：$x=y$ 或者 $x<y$ 或者 $x>y$。

公理 2. 如果 $x<y$，那么 $y \nless x$。

公理 3. 如果 $x>y$，那么 $y \ngtr x$。

公理 4. 如果 $x<y$ 而且 $y<z$，那么 $x<z$。

公理 5. 如果 $x>y$ 而且 $y>z$，那么 $x>z$。

就像具有普遍性质的、陈述任意数 x，y，……有如此这般一种性质的任何算术定理一样，这里所列举的公理实在应该以这样的字句如"对于任何数 x，y，……"或者"对于集合 **N** 的任何元素 x，y，……"或更简单地，"对于任何 x，y，……"（如果我们同意这里的变项"x"，"y"，……只指数）开始，但是因为我们要遵从 § 3 所讨论的用法，我们常常略去这样的短语，而只是在我们的心中加上它；这一点不仅适用于公理，也适用于在我们的讨论过程中将要出现的定理和定义。例如，公理 2 的意思是：

对于任何 x 与 y（或者对于集合 **N** 的任何元素 x 与 y），如果 $x<y$，那么 $y \nless x$。

我们将称公理 1 为弱三分律（以后我们将熟悉强三分律），公理 2—5 表示关系小于和大于是不对称的和传递的（参看 § 29）；因而它们被称作关系小于和大于的不对称律和传递定律。第一类公理以及从它们推出来的定理被称为数的次序定律。

关系 $<$ 和 $>$ 以及逻辑上的同一关系 $=$，在这里将被称作数之间的基本关系。

§44. 基本关系的不自反律;间接证明

我们的下一步工作是从我们所采取的公理推演出一些定理。因为我们的目的不在系统的介绍,本章和下章将只陈述这样一些定理,它们足以说明逻辑领域和方法论领域的某些基本概念和事实。

定理1. 没有一个数小于它自己:$x \nless x$。

证明。假定我们的定理是假的。那么必定有一个数 x,适合公式:

(1)　　$x < x$。

现在公理2涉及的是任意的数 x 和 y(两者不必不同),因此,如果在"y"的位置我们写作变项"x",公理仍然正确;于是我们得到:

(2)　　如果 $x < x$,那么 $x \nless x$。

但是从(1)和(2)立即推出

$$x \nless x$$

然而,这个推论显然与公式(1)矛盾。所以,我们必须否定原来的假定,并且承认定理已经证明。

现在我们来表明,如何把这个论证变为一个完全的证明,为清楚起见,我们使用逻辑符号(参看§13和§15)。为了变成完全的证明,我们借助于语句演算中所谓的归谬律:

(I)　　$[p \rightarrow (\sim p)] \rightarrow (\sim p)$[①]

① 这个定律,以及与之具有同名的、相关的定律:

$$[(\rightarrow p) \rightarrow p] \rightarrow p,$$

在逻辑和数学的许多复杂的、和历史上重要的论证中,曾经应用过。意大利的逻辑家和数学家伐拉第(G. Vailati,1863—1909)有一篇专论,专门论述它的历史。

我们再用符号化的公理 2：

(II)　$(x<y)\rightarrow[\sim(y<x)]$

我们的证明完全建立于语句(I)和(II)之上。首先，我们应用代入规则于(I)，将其中的“p”全都代换以“$(x<x)$”：

(III)　$\{(x<x)\rightarrow[\sim(x<x)]\}\rightarrow[\sim(x<x)]$

其次，我们应用代入规则于(II)，将其中的“y”代换以“x”：

(IV)　$(x<x)\rightarrow[\sim(x<x)]$

最后，我们注意，语句(IV)是条件语句(III)的假设，因此可以应用分离规则，这样我们就得到公式：

(V)　$\sim(x<x)$,

这就是所要证明的定理的符号形式。

定理 1 是所谓的间接证明，也称为归谬证明的一个例子。这种证明的特点可以一般地描述如下：要证明一个定理，我们先假定这个定理是假的，然后从这个假定推演出一些结论，它们迫使我们否定原先的假定。在数学中，间接证明非常普遍。不过，它们并不完全属于定理 1 的证明的那种模式；相反地，定理 1 的证明代表间接证明的一种比较少见的形式，下面我们将要遇见间接证明的比较典型的例子。

我们所采取的公理系统，对于“$<$”和“$>$”两个符号而言，是完全对称的。因此，对于每个关于小于关系的定理，我们机械地得到相应的、关于大于关系的定理，证明完全类似，因而第二定理的证明全部可以省略。相应于定理 1 我们有：

定理 2. 没有一个数大于它自己：$x \ngtr x$。

至于同一关系＝，如我们从逻辑中知道的，是自反的，定理 1

和 2 表明，数之间的另外两种基本关系，$<$和$>$，是不自反的；因之，这些定理被称为（关系小于和大于的）**不自反律**。

§45. 基本关系的其他定理

下一步我们将证明以下定理：

定理 3. $x>y$，当且仅当，$y<x$。

证明。我们必须证明，公式：

$$x>y \quad 与 \quad y<x$$

等价，也就是说，证明：第一公式蕴函第二公式，而且反之亦然（参看 §10）。

首先，假定

$$y<x, \tag{1}$$

依据公理 1，在以下三种情形中，我们必定至少有一种：

$$x=y, \quad x<y \quad 或 \quad x>y。 \tag{2}$$

如果我们有 $x=y$，由于同一理论的基本定律，即莱布尼兹定律（参看 §17），我们可以以“y”代换公式（1）中的变项“x”；得到的公式

$$y<y$$

与定理 1 矛盾，因此我们有，

$$x\neq y。 \tag{3}$$

但是我们又有：

$$x \nless y, \tag{4}$$

因为，根据公理 2，公式

$$x<y \quad 与 \quad y<x$$

不能同时成立。由于(2),(3)和(4),我们发现,必须应用第三种情形:

(5) $$x>y。$$

这样,我们已经证明,公式(5)为公式(1)所蕴函;反过来,相反方向的蕴函式可以用类似的方法建立,因此,两个公式真正等价,q.e.d.①

使用关系演算(参看§28)的术语,我们可以说,按照定理 3,关系<和>其中的一个是另一个的逆关系。

定理 4. 如果 $x \neq y$,那么 $x<y$ 或者 $y<x$。

证明。因为

$$x \neq y,$$

据公理 1,我们有:

$$x<y \text{ 或者 } x>y;$$

据定理 3,以上公式中的第二式蕴函:

$$y<x。$$

因此我们有:

$$x<y \text{ 或者 } y<x。 \qquad \text{q.e.d.}$$

与此类似,我们能够证明,

定理 5. 如果 $x \neq y$,那么 $x>y$ 或者 $y>x$。

据定理 4 和 5,关系<和>是连通的;因之,这些定理被称为(关系**小于**和**大于**的)**连通性定律**。公理 2—5 以及定理 4 和 5 一起表明,数的集合 N 为关系<和>两者中的一个排成一定次序。

---

① "q. e. d."是"quod erat demonstrandum"一语的通常简写,意思是"这就是所要证的"。

定理 6. 任何数 x 和 y 满足，且只满足 $x=y$，$x<y$ 和 $x>y$ 三个公式中的一个。

证明。由公理 1 推出，所说的三个公式至少有一个必须被满足。为了证明公式：

$$x=y \quad 与 \quad x>y$$

互相排斥。我们就像在定理 3 的证明中那样进行：在以上两个公式的第二个公式中，以“y”代“x”而得到一个公式与定理 1 相矛盾。同样地可以证明，公式：

$$x=y \quad 与 \quad x>y$$

互相排斥。最后，两个公式：

$$x<y \text{ 与 } x>y$$

不能同时成立，因为，否则，据定理 3 我们将有：

$$x<y \text{ 与 } y<x$$

与公理 2 矛盾。因此，任何数 x 和 y 只满足所说三个公式中的一个而不能更多，q. e. d.

我们将称定理 6 为**强三分律**，或者简单地，**三分律**；按照这个定律，在任何两个已给的数之间，三种基本关系之一，并且只有其中之一，成立。用 § 7 中所提出的意义下的成语“或者……或者”，我们可以比较精确地将定理 6 表示为：

对于任何数 x 和 y，我们有：

或者　$x=y$　或者　$x<y$ 或者 $x>y$。

§46. 数之间的其他关系

基本关系以外，还有三种其他的关系在算术中占据重要的地位。其中之一是我们已经知道的逻辑上的相异关系$\neq$；另外两种是现在将要讨论的$\leqq$和$\geqq$关系。

符号“$\leqq$”的意义由以下定义说明：

定义1. 我们说，$x\leqq y$， 当且仅当 $x=y$ 或者 $x<y$。

公式

$$x\leqq y$$

读作：“x是小于或等于y”或者“x至多等于y”。

虽然以上定义的内容看来是清楚的，经验表明，在实际应用中，它有时是某些误解的根源。一些人相信他们自己十分清楚地了解符号“$\leqq$”的意义，然而反对将它应用于确定的数。他们不仅否认这种公式，如：

$$1\leqq 0,$$

认为它显然错误——这的确是如此——，而且还认为这样一些公式，如像：

$$0\leqq 0 \quad 或 \quad 0\leqq 1$$

是没有意义的，甚或是假的；因为，他们主张，既然知道$0=0$和$0<1$，那么，说$0\leqq 0$或$0\leqq 1$就是没有意义的。换句话说，在他们看来，不可能举出一对数适合公式：

$$x\leqq y。$$

这种看法显然错误，正因为$0<1$成立，所以语句

$$0=1 \quad 或\ 0<1$$

真，因为两个语句的析取式必定是真的，假定其中的一个是真的（参看§7）；但是依照定义1这个析取式等价于公式：

$$0\leqq 1。$$

由于完全类似的理由，公式：

$$0\leqq 0$$

也真。

这些误解的根源大概在于日常生活的某些习惯（*这一点在§7之末我们已经提请注意*）。在日常语言中，只有当我们知道两个语句中有一个是真的，但不知道哪一个是真的时，才习惯于断定两个语句的析取式。既然我们能够作出比较简单，同时在逻辑上更强的断定，即$0<1$，我们就不会说，$0=1$ 或 $0<1$，虽然这无疑是真的。然而，在数学的讨论中，在最强的可能形式下陈述我们所知道的事情，并不常常是有利的。例如，有时我们对一个四角形仅仅断言它是一个平行四边形，虽然我们知道它是一个正方形，所以这样做，因为我们可能要引用一个关于任意的平行四边形的普遍定理。为了同样的理由，可能有这样的情形，已经知道一个数 x（例如，数0）小于1，我们仍然可以只说 $x\leqq 1$，也就是，

$$x=1\ 或\ x<1。$$

现在我们将陈述两个关于关系≦的定理。

定理7. $x\leqq y$，　当且仅当 $x \not> y$。

证明。这个定理是定理6，即三分律的一个直接推论。事实上，如果

(1)　$$x\leqq y,$$

因而,据定义 1,

(2) $$x=y \text{ 或 } x<y,$$

那么公式:

$$x<y,$$

不能成立。反之,如果

(3) $$x \not> y,$$

我们必定有(2),因而,再据定义 1,公式(1)必定成立。于是公式(1)和(3)等价,q.e.d.

用 § 28 的术语,定理 7 说,关系≦是关系>的否定关系。

由于本身的结构,定理 7 可以看作是符号"≦"的定义;它与这里所采取的定义不同,但与之等价。这个定理的陈述可能有助于驱散关于符号"≦"的用法的最后的疑惑;因为,没有人会有任何犹豫来承认这样一些公式,如:

$$0 \leqq 0 \text{ 和 } 0 \leqq 1$$

为真,由于它们等价于公式:

$$0 \not> 0 \quad \text{和} \quad 0 \not> 1。$$

如果我们愿意,我们完全可以避免使用符号"≦",因为总是可以用"$\not>$"来代替它。

定理 8. $x<y$,当且仅当 $x \leqq y$ 且 $x \neq y$,

证明。如果

(1) $$x<y,$$

那么,据定义 1,

(2) $$x \leqq y,$$

而根据三分律,公式:

$$x = y$$

不能成立。反之,如果公式(2)成立,那么据定义1,我们得到:

(3) $$x < y \quad 或 \quad x = y;$$

但如果同时我们有:

$$x \neq y,$$

那么我们必须承认,析取式(3)的前一部分,即,公式(1)。因之,两个方向的蕴函式成立,q、e、d.

我们将略去关于关系≦的一些其他定理;其中特别包括那些说这个关系是自反和传递的定理。这些定理的证明没有一个有任何困难。

符号"≧"的定义完全与定义1类似;从关于关系≦的定理,我们机械地得到关于关系≧的相应的定理,只须将符号"≦","<"和">"全部代之以符号"≧",">"和"<"。

在具有形式

$$x = y$$

的公式中,"x"和"y"的地位可以为常项、变项或表示数的复合表达式所代替,这种公式通常称为**等式**。具有形式

$$x < y \quad 或 \quad x > y$$

的公式则称为**不等式(在狭义的意义上的)**;在广义的意义上的不等式中,除以上形式的公式外,还有具形式

$$x \neq y, x \leq y \text{ 或 } x \geq y$$

的公式。在这些公式中,符号"=","<"等的左边和右边出现的表达式称为**等式的**或**不等式的左方和右方**。

练　习

1.考虑人们中间的两种关系:身材较小和身材较大。一个任意的人的集合必须满足什么条件,才使得这个集合与上面两种关系构成第一类公理的一个模型(参看§37)?

2.令公式:

$$x \mathbin{\bigcirc\!\!\!\!<} y$$

表示数 x 和 y 满足下列条件之一:(i)数 x 的绝对值小于数 y 的绝对值,或(ii)如果 x 和 y 的绝对值相等,那么 x 是负的而 y 是正的。此外,令公式:

$$x \mathbin{\bigcirc\!\!\!\!>} y$$

与公式:

$$y \mathbin{\bigcirc\!\!\!\!<} x$$

具相同的意义。

在算术的基础上证明:所有的数构成的集合以及刚才定义的关系⧁和⧀构成第一类公理的一个模型。

在算术和几何的范围内,给出这些公理的解释的其他例子。

3.从定理1推演以下定理:

$$\text{如果 } x<y\text{,那么 } x\neq y\text{。}$$

反之,不用任何其他的算术命题,从上述定理推演定理1。这两个推论是否间接的,它们是否属于§44定理1的证明的模式?

4.推广§44定理1的证明,因而建立下列关系理论的一般定律(参看§37 的论述)：

在类 K 中每一个不对称的关系 R 在该类中也是不自反的。

5. 证明：如果取定理 1 作为一个新的公理，旧的公理 2 可以作为定理从这个公理和公理 4 推演出来。

作为这个论证的推广，证明以下关系理论的一般定律：

在类 K 中不自反和传递的关系 R 在该类中也是不对称的。

*6. 在§44 的末尾我们曾经试图解释，何以定理 2 的证明可以省略。这些说明是第(Ⅵ)章的某些一般讨论的应用。请详细阐释这一点，特别请指明和这一点有关的那些讨论。

7. 从第一类公理推演下列定理：

(a) $x=y$，当且仅当，$x \not< y$ 而且 $y \not< x$；

(b) 如果 $x<y$，那么 $x<z$ 或 $z<y$。

8. 从公理 4 和定义 1 推演下列定理：

(a) 如果 $x<y$ 而且 $y \leqq z$，那么 $x<z$；

(b) 如果 $x \leqq y$ 而且 $y<z$，那么 $x<z$；

(c) 如果 $x \leqq y$，$y<z$ 而且 $z \leqq t$，那么 $x<t$。

9. 证明关系 $\leqq$ 和 $\geqq$ 是自反的、传递的和连通的。这些关系是对称的还是不对称的？

10. 证明：在任何两个数之间，以下六种关系恰恰有三种成立：$=$，$<$，$>$，$\neq$，$\leqq$ 和 $\geqq$。

11. 上题所列举的关系的任何一种的逆关系和否定关系，还是在六种关系之中。请详细证明这一点。

*12. 第 10 题给出的六种关系中，哪两种之间存在着包含关系？在这些种关系中，任何一对的和、积及相对积是什么？

提示:回忆§28中所解释的名词。不要忘了讨论两个相同的关系所组成的对子,并且记住相对积与因子的次序有关(参看第V章练习5)。36对关系都应该加以考察。

(VIII)一个数学理论的构造:加法和减法的定律

§47. 关于加法的公理;运算的一般性质,群和交换群的概念

现在我们转向第二类公理,它由以下六个语句所组成:

公理6. 对于任何数 y 和 z,有一个数 x,使得 $x=y+z$;换言之,如果 $y\in\mathbf{N}$,而且 $z\in\mathbf{N}$,那么 $y+z\in\mathbf{N}$。

公理7. $x+y=y+x$。

公理8. $x+(y+z)=(x+y)+z$。

公理9. 对于任何数 x 和 y,有一个数 z,使得 $x=y+z$。

公理10. 如果 $y<z$,那么 $x+y<x+z$。

公理11. 如果 $y>z$,那么 $x+y>x+z$。

此刻让我们集中注意于这第二类的头四个语句,即,公理6—9,它们给加法运算规定一些简单的性质,在逻辑和数学的一些部分中,讨论其他运算时,也常常会遇到这些性质。

一些特殊的名词已经引用来指示这些性质。我们说运算 O 在类 K 中是可行的,或类 K 在运算 O 之下是闭的,如果施运算 O 于类 K 的任何二个元素,结果还是得到类 K 的一个元素;换句话说,如果对于类 K 的任何二个元素 y 与 z,有一个类 K 的元素 x,使得

$$x = yOz。$$

运算 O 称为在类 K 中是交换的，如果施这种运算于类 K 的元素，所得的结果与这些元素的次序无关，或者，换句话说，如果对于这一类的任何两个元素 x 与 y，我们有：

$$xOy = yOx。$$

运算 O 在类 K 中是结合的，如果运算的结果与元素结合在一起的方式无关，或者，更精确地说，如果这一类的任何三个元素 x，y 与 z 满足条件：

$$xO(yOz) = (xOy)Oz。$$

运算 O 称为在类 K 中是右可反的或者左可反的，如果，对于类 K 的任何两个元素 x 与 y，永远有这一类的一个元素 z，使得

$$x = yOz \quad 或 \quad x = zOy$$

分别成立。一个运算 O 既是右可反的，又是左可反的，简单地就称为在类 K 中可反的。立刻可以得出，一个右可反的或左可反的交换运算，必定是可反的。现在，我们说，一个类 K 对于运算 O 是一个群，如果这个运算在 K 中是可行的，结合的和可反的；如果，此外，运算 O 还是交换的，那么类 K 称为是对于运算 O 的一个交换群或阿贝尔群。群的概念以及交换群的概念构成一个特殊的数学学科的对象，这个学科就称为群论，群论在第 V 章已经提到。①

① 群的概念为法国数学家伽罗华(E. Galois，1811—1832)引进数学中，“阿贝尔群”这个词是选来纪念挪威数学家阿贝尔(N. H. Abel，1802—1829)的，他的研究对于高等代数的发展有巨大的影响，群概念对于数学的深远的重要性，特别是自从另一位挪威数学家李(S. Lie，1842—1899)的工作以来，已经为大家所认识。

假定类 K 是全类(或者是所讨论的理论的论域——参看 § 23),当我们使用“可行的”,“交换的”等语词时,我们通常不提到这个类。

按照上面引入的术语,公理 6—9 分别被称为可行性定律、交换律、结合律和加法运算的右可反性定律;这些公理一起说明,所有的数构成的集合是一个对于加法而言的交换群。

§ 48. 对于较多的被加数的交换律和结合律

公理 7,即交换律,和公理 8,即结合律,在这里所陈述的形式中,分别地涉及两个和三个数,但是有无穷多个涉及多于两个或三个数的其他的交换律和结合律,例如,公式:

$$x+(y+z)=y+(z+x)$$

是对于三个被加数的交换律的一个例子,而公式:

$$x+[y+(z+u)]=[(x+y)+z]+u$$

是对于四个被加数的结合律的一个例子。此外,还有一些具混合性质的定理,一般地说,这些定理断定:被加数在次序和结合方面的任何一种变化,对于加法的结果不生影响,我们陈述下面的定理作为一个例子:

定理 9. $x+(y+z)=(x+z)+y$。

证明。经过适当的代入,由公理 7 和公理 8 我们得到:

(1) $$z+y=y+z,$$

(2) $$x+(z+y)=(x+z)+y。$$

按照莱布尼兹定律,由于(1),我们可以用“$y+z$”代(2)中的“$z+$

y”；结果是所要的公式：

$$x+(y+z)=(x+z)+y。$$

用同样的方法，我们能够从公理7和8，可能还有公理6，推演出关于任意多个被加数的所有的交换律和结合律。这些定理在代数表达式的变换中实际上是常常用到的。所谓表示一个数的表达式的变换，就像通常一样，指这样一种变换，通过这种变换，得到一个表示相同的数的表达式，这个表达式因之可以同原来的表达式用等号联结起来；最常受到这种变换的表达式是那些含有变项，因而是指示函项的表达式。在交换律和结合律的基础上，我们能够变换任何具有这种形式：

$$x+(y+z),x+[y+(z+u)],\cdots\cdots$$

的表达式，也就是，为加号和括号所分开的数值常项和变项所组成的表达式；在任何这样的表达式中，我们可以任意地调换数值符号和括号（只须假定所得的表达式不会因括号的易位而变成没有意义）。

§49. 加法的单调定律以及它们的逆定律

我们现在将要讨论的公理10和11是所谓的对于关系**小于**和**大于**的加法的**单调定律**。更一般地，我们说，二项运算 O **在类** K **中对于二项关系** R **是单调的**，如果，对于类K中任何元 x,y,z，公式：

$$yRz$$

蕴函

$$(xOy)R(xOz),$$

后一公式是说，施运算 O 于 x 和 y 所得的结果对于施运算 O 于 x，和 z 所得的结果有关系 R。（在非交换的运算的情形下，严格地说，我们应该区分右单调和左单调，刚才定义的称为右单调。）

加法运算不仅对于关系小于和大于是单调的——这是公理 10 和公理 11 的一个推论——，并且对于 § 46 中所讨论的数之间的其他关系也是单调的。这里我们将只对同一关系证明这一点：

定理 10. 如果 $y=z$，那么 $x+y=x+z$。

证明。和 $x+y$ 的存在为公理 6 所保证，它等于它自身（根据 § 17 的定律 II）：

$$x+y=x+y。$$

由于本定理的假设，等式右边的变项"y"可以用变项"z"来代换，于是我们得到所要的公式：

$$x+y=x+z。$$

定理 10 的逆定理也是真的：

定理 11. 如果 $x+y=x+z$，那么 $y=z$。

在这里我们将指出这个定理的两个证明的大致步骤。建立在三分律和公理 6，10 与 11 之上的第一个证明是比较简单的。不过，为了我们后面的目的，我们需要另一个证明，这个证明比较起来相当复杂，但是除公理 7—9 外，不利用任何东西。

第一个证明。假定求证的定理是假的，那么一定有数 x，y 和 z，使得

(1) $$x+y=x+z,$$

而且

(2) $$y\neq z。$$

因为 $x+y$ 和 $x+z$ 是数(按照公理 6),根据三分律,它们只能满足以下公式中的一个:

$$x+y=x+z, \quad x+y<x+z \quad 及 \quad x+y>x+z。$$

因为根据(1),第一式成立,其他两式自动被消去。因此我们有:

(3) $$x+y \nless x+z \quad 及 \quad x+y \ngtr x+z。$$

另一方面,再一次应用三分律,我们可以从不等式(2)推论出

$$y<z \text{ 或 } y>z。$$

因此,根据公理 10 和 11,

(4) $$x+y<x+z \quad 和 \quad x+y>x+z。$$

(4)与(3)显然矛盾。假定于是被推翻,而定理应该认为已经证明。

*第二个证明。应用公理 9,但以"y"和"u"分别代换"x"和"z",我们推出有一个数 u 满足公式:

$$y=y+u。$$

因为,根据公理 7,

$$y+u=u+y,$$

由于同一关系的传递性(参看 § 17 定律 IV)我们有:

(1) $$y=u+y。$$

现在再一次应用公理 9,但以"z"和"v"分别代换"x"和"z";于是我们得到一个数 v 满足等式:

(2) $$z=y+v。$$

由于(1),这里我们可以用表达式"$u+y$"代换变项"y":

$$z=(u+y)+v。$$

此外,根据结合律,即公理 8,我们有:

$$u+(y+v)=(u+y)+v,$$

因此，应用§17的定律V，我们得到：

$$z=u+(y+v)。$$

由于(2)，这里我们可以用“z”代换“$y+v$”(用莱布尼兹定律)，于是我们最后得到：

(3) $$z=u+z。$$

第三次应用公理9，这一次以“u”，“x”和“w”分别代换“x”，“y”和“z”，我们得到一个数 w，对于 w，

$$u=x+w$$

成立，而因

$$x+w=w+x,$$

我们有：

(4) $$u=w+x。$$

利用(4)我们从(1)得到以下公式：

$$y=(w+x)+y;$$

但因根据结合律，我们有：

$$w+(x+y)=(w+x)+y,$$

这个公式变为：

(5) $$y=w+(z+y)。$$

由于本定理的假设，我们可以用“$x+z$”代换(5)中的“$x+y$”，这就导致：

(6) $$y=w+(x+z)。$$

再一次应用结合律，我们有：

$$w+(x+z)=(w+x)+z,$$

因此(6)变为：

$$y=(w+x)+z。$$

由于(4),这里我们可以用“u”代换“$w+x$”。这样我们得到:

(7) $$y=u+z。$$

但是从等式(7)和(3)推出

$$y=z。$$ q.e.d. *

这里可以插入关于定理11的第一个证明的几点说明。像定理上的证明一样,定理11的第一个证明构成间接推论的一个例子,这个证明的轮廓可以描述如下。为了证明某一个语句,譬如说“p”,我们假设这个语句是假的,也就是,我们假定语句“非 p”,从这个假定推演出一个结论“q”;也就是说,我们证明蕴函式:

如果非 p,那么 q

(在所讨论的情形中,结论“q”是在证明中出现的条件(3)和(4)的合取)。不过,另一方面,我们能够证明(或者根据逻辑的一般定律,就像在所讨论的情形中那样,或者根据数学学科中先已证明的某些定理,这些定理的全部论证是在数学学科中作出的)所得的结论是假的,也就是“非 q”成立;因而我们被迫放弃原来的假定,而承认语句“p”是真的。如果这个论证以完整的形式表示出来,一个逻辑定律将在其中起本质的作用,这个定律是我们从§14知道的逆反定律的一个变形,这个定律就是:

从:如果非 p,那么 q,推出:如果非 q,那么 p。

这里所讨论的证明稍微不同于定理1的证明。在定理1的证明中,从定理假的假定,我们推论出定理是真的,也就是,我们推演出一个与假定正相矛盾的结论;但是,在所讨论的证明中,我们从一个类似的假定推演出一个结论,我们从其他理由知道这个结论是假的。不过这种差别不是本质的;根据逻辑定律,可以很容易地看出,定理 1 的证明——像任何其他的间接推论一样——可以归到上面大致描述的模式中。

和定理 10 一样,其他的单调定律,即,公理 10 和 11,也有逆定律:

定理 12. 如果 $x+y<x+z$,那么 $y<z$。

定理 13. 如果 $x+y>x+z$,那么 $y>z$。

这些定理的证明,可以沿着定理 1 的证明的线索,很容易地得到。

§50. 闭语句系统

有一个一般的逻辑定律,熟悉这个定律可以大大简化上面三个定理(11,12 和 13)的证明。这个定律有时称为闭系统定律或豪伯定律[①],在某些情形下,当我们已经证明一些条件语句时,这个定律容许我们从这些语句的形式推论出:相应的逆语句也可以看作已经证明。

假定给了我们一些蕴函式,譬如三个蕴函式,对这三个蕴函式我们将给予以下大概的形式:

如果 p_1,那么 q_1;

如果 p_2,那么 q_2;

如果 p_3,那么 q_3。

---

① 依德国数学家豪伯(K. F. Hauber,1775—1851)的名字而命名。

这三个语句称为构成一个闭系统，如果它们的前件穷尽了所有可能的情形，也就是，如果

$$p_1，或 p_2 或 p_3。$$

是真的，并且如果同时它们的后件互相排斥：

如果 q_1，那么非 q_2；如果 q_1，那么非 q_3；如果 q_2，那么非 q_3。

闭系统定律断定，如果构成一个闭系统的某些条件语句是真的，那么相应的逆语句也是真的。

一个闭系统的最简单的例子是两个语句的系统，这个系统包括一个蕴函式：

如果 p，那么 q，

和它的反语句；

如果非 p，那么非 q。

为了证明这种情形下的两个逆语句，甚至不必借助于闭系统定律；应用逆反定律就够了。

定理 10 和公理 10 与 11 构成三个语句的一个闭系统，这是三分律的一个推论；因为在任何两个数之间我们恰好有＝，＜和＞三种关系中的一种，我们知道这三个语句的假设，即，公式：

$$y=z, \quad y<z, \quad y>z,$$

穷尽所有可能的情形，而它们的结论，即，公式：

$$x+y=x+z, x+y<x+z, x+y>x+z$$

互相排斥。（三分律甚至蕴函了更多的东西，即，头三个语句不仅穷尽所有可能的情形，而且也互相排斥，后三个公式不仅互相排斥而且也穷尽所有可能的情形，不过这与我们的目的无关。）仅仅由于三个命题构成一个闭系统，逆定理 11—13 必定成立为真。

在初等几何中可以找到许多闭系统的例子;例如,当我们考察两个圆的相对位置时,我们必须讨论一个包括五个语句的闭系统。

最后,可以指出,任何人不知道闭系统定律,但是试图证明构成一个这种系统的命题的逆命题,可以机械地应用我们在定理11的第一个证明中所使用的同样的推理方式。

§51. 单调定律的推论

定理10和11可以合成一个语句:

$$y=z\text{,当且仅当,}x+y=x+z\text{。}$$

同样可以把公理10和11与定理12和13联结起来,这样得到的定理可以称为通过加法的等式和不等式的等价变换定律,这些定理的内容有时被描述如下:如果不改变等号或不等号,而以同一数加于一个等式或不等式的两边,所得的等式或不等式与原来的等价(自然,这种表述是不十分正确的,因为一个等式或不等式的两方不是数而是表达式,不可能加任何数于表达式上),这里提到的定理在解等式和不等式时起着重要的作用。

我们将从单调定理推演出另一个结论:

定理14. 如果 $x+z<y+t$,那么 $x<y$ 或者 $z<t$。

证明。假设这个定理的结论是假的;换句话说,x 既不小于 y,z 也不小于 t。根据三分律,从此推出以下两个公式之一:

$$x=y \text{ 或 } x>y$$

以及以下两个公式之一:

$$z=t \text{ 或 } z>t$$

必定成立。这样，我们必须讨论以下四种可能：

(1)　　$x=y$ 而且 $z=t$，

(2)　　$x=y$ 而且 $z>t$，

(3)　　$x>y$ 而且 $z=t$，

(4)　　$x>y$ 而且 $z>t$。

让我们从考虑第一种情形开始。如果(1)的两个等式是正确的，根据定理 10，从第一个等式我们得到：

$$z+x=z+y,$$

而因为根据公理 7，

$$x+z=z+x \text{ 而且 } z+y=y+z,$$

两次应用同一关系的传递律，我们可以推论出：

(5)　　$x+z=y+z$。

如果现在我们应用定理 10 于(1)的两个等式的第二个，我们得到：

(6)　　$y+z=y+t$，

这个公式与(5)一起可得：

(7)　　$x+z=y+t$。

根据完全类似的推论——应用公理 4，5，10 和 11——，剩下的三种情形(2)，(3)和(4)的任何一种都导致不等式：

(8)　　$x+z>y+t$。

因此在任何情形下，公式(7)或(8)中的一个必定成立。但是因为 $x+z$ 和 $y+t$ 是数(公理 6)，根据三分律，推出公式：

$$x+z<y+t$$

不能成立。

如是，由于假定结论是假的，我们得到一个与定理的假设直接矛盾的公式。因此这个假定要推翻，而我们知道结论确实是从假设推出来的。

刚才处理的论证算在间接证明之列；除开一点非本质的改变，它可以归到§49中大致叙述的模式中，这个模式与定理11的第一个证明相关。不过从形式上考虑，这个论证的方法稍微不同于定理1和11的证明所遵从的方法。这个推论具有下列的模式。为了证明一个具有蕴函式形式的语句，譬如说，语句：

如果 p，那么 q，

我们假定这个语句的结论，即"q"是假的（而非全句是假的）；从这个假定，也就是，从"非 q"，推论出假设是假的，也就是"非 p"成立。换句话说，不去证明求证的语句，而是给出相应的逆反语句：

如果非 q，那么非 p

的一个证明，并且从此推论出原来语句的正确性。这种论证的根据要在语句演算的一个定律中寻找，这个定律是说，逆反语句的真常常蕴函原来语句的真（参看§14）。

这种形式的推论在所有的数学学科中十分普遍；它们构成间接证明最普通的类型。

§52. 减法的定义；反运算

我们的下一步工作是表明，减法的概念能够引进我们的讨论中来。有了这个目的在心中，我们将首先证明下面的定理：

定理15. 对于任何两个数 y 和 z，恰恰有一个数 x，使得 $y=z+x$。

证明。公理 9 保证至少有一个数 x 适合公式：

$$y = z + x。$$

我们必须证明这样的数不多于一个；换句话说，满足这个公式的任何两个数 u 和 v 相等。因此，令

$$y = z + u \quad 而且 \quad y = z + v。$$

这个公式直接蕴函（根据关系＝的对称律和传递律）：

$$z + u = z + v,$$

根据定理 11，从这个公式我们得到：

$$u = v。$$

于是，恰恰有一个数 x（参看 § 20），对于这个 x，

$$y = z + x, \qquad \text{q.e.d.}$$

以上定理说到的唯一的数 x，用以下符号：$y - z$ 表示；像通常一样，我们把它读作“数 x 和 y 的差”或者“从数 y 减去数 z 的结果”。差这一概念的精确定义如下：

定义 2. 我们说，$x = y - z$，当且仅当，$y = z + x$。

一个运算 I 称为运算 O 在类 K 中的右反运算，如果这两个运算 O 和 I 适合下列条件：

对于类 K 的任何元素 x，y 和 z，我们有：$x = yIz$，当且仅当，$y = zOx$。

类似概念：**运算** O **的左反运算**，可以依同样方法定义。如果运算 O 在类 K 中是交换的，它的两个反运算——右的和左的——相合，于是我们可以简单地说运算 O 的反运算。按照这种用语，定义 2 表示，减法是加法的右反运算（或者简单地说，反运算）。

§53. 被定义者包含等号的定义

*定义 2 是数学中非常普通的一种定义的一个例证。这种定义给表示单个事物的符号,或者给表示在一些事物之上的一个运算(换句话说,具有一定数目的主目的函项)的符号规定意义。在每一个这样的定义中,被定义者具有等式的形式:

$$x = \cdots\cdots;$$

在这等式的右边是要定义的符号本身,还是由要定义的符号与一些变项"y","z",……所构成的一个指示函项,要看这个符号表示单个的事物还是在一些事物之上的一个运算而定。定义者可能是任何形式的一个语句函项,这个函项包含有和被定义者之中相同的自由变项,这个函项说,事物 x——可能还有事物 y,z,……——适合如此这般一个条件。定义 2 确立一个符号的意义,这个符号表示在两个数之上的一个运算。为了给出这种类型的定义的另一个例子,让我们陈述"0"的定义,这个符号是表示单个的数的。

我们说,$x=0$,当且仅当,对于任何数 y,公式:$y+x=y$ 成立。

我们所讨论的这种类型的定义和一种危险相连;因为一个人在作出这种定义的时候,如果不加以足够的注意,他可能很容易遇到一种矛盾。一个具体的例子可以说明这一点。

让我们暂时离开我们现在的探讨,而且假定在算术中我们已经有了乘号供我们使用,我们要利用乘号定义除号。为此,我们制定以下的定义,这个定义是一丝不差地依照定义 2 仿造的:

我们说,$x=y:z$,当且仅当,$y=z\cdot x$。

如果现在在这个定义中，我们以“0”替换“y”和“z”，而且首先以“1”然后以“2”替换“x”，又如果我们注意我们有公式：

$$0=0\cdot 1 \text{ 与 } 0=0\cdot 2,$$

我们立即得到：

$$1=0:0 \quad \text{与 } 2=0:0。$$

但是因为等于同一个东西的两个东西相等，我们得到：

$$1=2,$$

这显然是无意义的。

不难举出这种现象的理由。在定义2和在这里考虑的商的定义中，定义者具有语句函项的形式，这个语句函项有三个自由变项“x”，“y”和“z”。对于每一个这样的语句函项，有一个三项关系与它对应，这个三项关系在数x，y和z之间成立，当且仅当，这些数满足那个语句函项(参看§27)；而这正是定义的目的，定义的目的就在引进一个符号表示这种关系。但如一个人予被定义者以形式：

$$x=y-z \quad \text{或} \quad x=y:z,$$

那么，他预先假定这个关系是函项的(因而是一个运算，或者一个函项，参看§34)，因此对于任何两个数y和z，至多有一个数x与它们有所说的关系。不过，关系是函项的这一事实最初一点也不明显，因之必须首先建立。在定义2的情形下，这点我们做到了；但是在商的定义的情形下，我们没有能做到，我们不能这么做，仅仅因为在某种例外的情形下，所说的关系不是函项的。因为，如果

$$y=0 \text{ 而且 } z=0,$$

那么有无穷多个数x，对于这个x

$$y=z\cdot x。$$

因此,如果一个人想用以上形式表示商的定义,而不引进矛盾,他必须排除数 y 和 z 都是 0 的情形,——例如,在定义者之中插进一个附加的条件。

上面的讨论把我们引导到以下的结论。在定义 2 类型的每一个定义的前面应该有一个完全相应于定理 15 的定理,就是说只有一个数 x 满足定义者的定理。(这里有个问题发生,是恰恰有一个数适当,还是至多有一个这样的数就够了。这个颇为困难的问题的讨论此处从略。)*

§54. 关于减法的定理

在定义 2 和加法的定律的基础上,我们能够没有困难地证明减法理论的一些基本定理,如同可行性定律,单调定律以及等式和不等式通过减法的等价变换定律。使所谓的代数和的变换成为可能的那些定理也在此列,所谓的代数和,就是,为"+"号、"−"号和括号(按照与括号的作用相同的特殊规则,括号常被省略)所分开的数值常项和变项所组成的表达式。下面的定理可以作为最后所说的那一类定理的一个例子:

定理 16. $x+(y-z)=(x+y)-z$。

证明。按照公理 9,对于 y 和 z,有一个数 u 与之对应,使得

(1) $$y=z+u;$$

按照定义 2,上式蕴函

(2) $$u=y-z。$$

从交换律我们有：

$$x+y=y+x。$$

由于(1)，右边的“y”可以用“$z+u$”代换，于是我们得到：

(3) $$x+y=(z+u)+x。$$

另一方面，从定理9推出：

(4) $$z+(x+u)=(z+u)+x。$$

但因等于同数的二数相等，我们能够从(3)和(4)推论：

(5) $$x+y=z+(z+u)。$$

现在，因为 $x+u$ 和 $x+y$ 是数(据公理6)，我们可以用“$x+u$”和“$x+y$”代换定义2中的“x”和“y”。(5)表明定义者被满足，因此被定义者必定也成立：

$$x+u=(x+y)-z。$$

由于(2)，如果现在我们以“$y-z$”代换上面等式中的“u”，我们最后得到：

$$x+(y-z)=(x+y)-z, \qquad \text{q.e.d.}$$

已经到达这个地方，现在我们终止这一小部分算术的构造。

练　习

1. 考虑以下三个系统，每一个由一个集合、两种关系和一种运算所组成：

(a)所有的数构成的集合，关系≦和≧，加法运算；

(b)所有的数构成的集合，关系＜和＞，乘法运算；

(c)所有正数构成的集合，关系＜和＞，乘法运算。

判定：这些系统中哪些是公理1—11的系统的模型（参看§37）。

2. 考虑一任意直线，我们称它为数线；令这条线上的点用字母“X”，“Y”，“Z”，……指示。在数线上我们选一固定的起点O以及与O点不同的单位点U。现在令X与Y为线上两个不同的点。我们考虑两个半线，一个从O起始并且通过U，另一个从X起始并且通过Y，我们说点X在点Y的前面，用符号表示，为：

$$X \olessthan Y,$$

当且仅当，这两个半线相同或者其中的一个——不论哪一个——是另一个的部分，在这一情形下，我们也说点Y在点X的后面，写作，

$$Y \ogreaterthan X。$$

点Z称为点X和点Y的和，如果它满足下列条件：(i)线段OX与线段YZ相合，(ii)如果$O \olessthan X$，那么$Y \olessthan Z$，但如$O \ogreaterthan X$，那么$Y \ogreaterthan Z$。点X与点Y的和写作：

$$X \oplus Y。$$

用几何定理证明：数线上所有的点构成的集合（比较简单地说，即，数线本身），关系$\olessthan$和$\ogreaterthan$，及运算$\oplus$一起，构成我们所采取的公理系统的一个模型，因而这个系统在几何中有一个解释。

3. 让我们考虑四种运算**A**，**B**，**G**和**L**，它们——像加法一样——使一个数对应于任何两个数。我们永远把数x看作施运算**A**于数x和y的结果，把数y看作施运算**B**于数x和y的结果：

$$x\mathbf{A}y = x, \quad x\mathbf{B}y = y。$$

我们以符号“$x\mathbf{G}y$”和“$x\mathbf{L}y$”分别表示 x 和 y 两个数之中那不小于或不大于另一个数的数；如此，我们有：

$$x\mathbf{G}y = x \text{ 及 } x\mathbf{L}y = y, \text{如果} \quad x \geqq y;$$

$$x\mathbf{G}y = y \text{ 及 } x\mathbf{L}y = x, \text{如果} \quad x \leqq y。$$

§47 中所讨论的性质有哪一些属于这四种运算？对于这四种运算中的任何一种，所有的数构成的集合是否构成一个群，特别是，一个交换群？

4. 令 **C** 是所有点集的类，也就是，所有几何图形的类。集合的加法和乘法（如在§25 中定义的）在类 **C** 中是可行的，交换的，结合的和可反的吗？因而类 **C** 对于这两种运算中的任何一种，是一个群，特别是，一个交换群吗？

5. 证明：对于乘法而言，所有的数构成的集合不是一个交换群，但是下面每个集合对于乘法是一个交换群：

(a)所有异于 0 的数构成的集合；

(b)所有正数构成的集合；

(c)由 1 与 -1 两数构成的集合。

6. 考虑由 0 和 1 两数组成的集合 S，以及以下列公式定义在这个集合的元素之上的运算$\oplus$：

$$0 \oplus 0 = 1 \oplus 1 = 0,$$

$$0 \oplus 1 = 1 \oplus 0 = 1。$$

判定集合 S 对于运算$\oplus$是否构成一个交换群。

7. 考虑由 0，1 和 2 三个数组成的集合 S，在这个集合的元素上定义一个运算$\oplus$，使得对于这个运算，集合 S 是一个交换群。

8.证明:没有由两个或三个不同的数所组成的一个集合,对于加法是一个交换群,是否有一个由单个的数所组成的集合,对于加法构成一个交换群?

9.从公理6—8推演下列定理:

(a)$x+(y+z)=(z+x)+y$;

(b)$x+[y+(z+t)]=(t+y)+(x+z)$。

10.如果仅仅根据公理6—8进行变换,由下面每一个表达式可以得出多少表达式:

$x+(y+z)$,$x+[y+(z+t)]$,$x+\{y+[z+(t+u)]\}$?

11.简明陈述运算O对于关系R的左单调的一般定义。

12.根据我们所采取的公理以及从它们推演出来的定理证明:加法对于关系$\neq$,$\leq$和$\geq$是一个单调运算。

13.对于关系$<$和$>$,乘法是否是一个单调运算:

(a)在所有的数构成的集合中;

(b)在所有的正数构成的集合中;

(c)在所有的负数构成的集合中?

14.第3题定义的一些运算中,哪些对于关系$=$,$<$,$>$,$\neq$,$\leq$和$\geq$是单调的?

15.类的加法和乘法对于包含关系是单调的吗?对于§24中所讨论的类之间的任何其他关系呢?

16.从我们的公理推演下列定理:

如果$x<y$而且$z<t$;那么$x+z<y+t$。

在这个语句中依次以“$>$”,“$=$”,“$\neq$”,“$\leq$”和“$\geq$”代换符号

"$<$",考察这样所得的语句是否是真的。

17.在算术和几何的范围内给出闭语句系统的例子。

18.从我们的公理推演下列定理:

(a)如果 $x+x=y+y$,那么 $x=y$;

(b)如果 $x+x<y+y$,那么 $x<y$;

(c)如果 $x+x>y+y$,那么 $x>y$。

提示;首先证明这些语句的逆语句(用第16题的结果),然后证明它们构成一个闭系统。

*19. 如果一个定理能够只从公理6—9推演出来,那么它能够推广到任意的交换群中去,因为对于一个运算 O 构成一个交换群的每一类 K,同这个运算一起构成公理6—9的一个模型(参看§37和§38)。这一点特别适用于定理11(由于这个定理的第二个证明),因而我们有以下一般的群论定理:

对于运算 O 是一个交换群的每一类 K 满足以下条件:

如果 $x\in K, y\in K, z\in K$ 而且 $xOy=xOz$,那么 $y=z$。

给出这个定理的严格证明。

另一方面,证明:第18题的定理(a)不能推广到任意的交换群中去,用举出类 K 和运算 O 的一个例子的方法加以证明,类 K 和运算 O 具有以下性质:(i)类 K 对于运算 O 是一个交换群,(ii)类 K 中有两个不同的元素 x 和 y,对于 x 和 y 有:$xOx=yOy$(参看第6题)。因而,定理(a)能不能只从公理6—9推演出来?

20.变换定理14的证明,使它符合§49中大致叙述的,与定理11的第一个证明相联系的模式。

21.可否说,除法运算在所有的数构成的集合中是乘法运算的反运算?

22.第3题和第4题中提到的运算有没有反运算(在所有的数构成的集合中或者在所有的几何图形的类中)?

23.什么运算是减法(在所有的数构成的集合中)的左反运算和右反运算?

*24.在§53中符号“0”的定义是作为例子陈述出来的。为了使这个定义确实不致导致矛盾,在这个定义的前面应该有如下的定理:

恰恰有一个数 x,使得对于任何数 y,我们有:$y+x=y$。

只用公理6—9证明这个定理。

25.简明陈述这样一些语句,它们分别断定减法是可行的,交换的,结合的,右可反的和左可反的以及对于小于关系为右单调的和左单调的。这些语句中哪一些是真的?用我们的公理和§52中的定义2证明那些真的语句。

26.从我们的公理和定义2推演下列定理:

(a) $x-(y+z)=(x-y)-z$,

(b) $x-(y-z)=(x-y)+z$,

(c) $x+y=x-[(x-y)-x]$。

*27.用减法的可行性定律和上一题的定理(c),证明下列定理:

数的集合 K 对于加法是一个交换群,必须且只须,集合 K 的任何两数的差仍然属于集合 K(也就是,公式 $x\in K$ 和 $y\in K$ 永远蕴函 $x-y\in K$)。

用这个定理找出一些数的集合的例子，它们是对于加法的交换群。

28. 用逻辑符号写出上两章所给的公理、定义和定理。

提示：在用符号表示定理 15 以前，先把它置于一个等价的形式中，其中的数值量词由于 § 20 所作的解释已经被消去。

(IX) 关于所构造的理论的方法论的讨论

§ 55. 在原来的公理系统中消去多余的公理

前面两章专门给出一个初等数学理论基础的概要。本章我们将讨论理论建立于其上的公理系统和基本词项，这种讨论具有方法论的性质。

我们将从一些具体的例子开始，说明 § 39 中关于公理和基本词项的选择的随意性，多余的公理可以省略等等。

让我们从以下问题开始，是否公理 1—11 的系统——这个系统将简称为**系统**𝔄——可能含有多余的公理，也就是，是否有公理能够从系统的其余公理推演出来。我们将立即看出，回答并且肯定地回答这个问题是容易的。事实上，我们有：

系统 𝔄 的公理中有三个，即，公理 4 或公理 5 中的一个，公理 6，以及公理 10 或公理 11 中的一个能够从其余的公理推演出来。

证明。我们首先证明

(I)　公理 4 或 5 中的一个能够借助于公理 1—3 从另一个推演出

来。

我们注意，定理 3 的证明仅仅根据——不论直接或间接——公理 1—3。另一方面，如果我们已经有定理 3，我们可以按下面的推论方式从公理 4 推演出公理 5（或者从公理 5 推演出公理 4）：

如果

$$x>y \text{ 而且 } y>z,$$

那么，据定理 3，

$$y<x \text{ 而且 } z<y;$$

因此，应用公理 4（但以“z”代换其中的“x”，以“x”代换其中的“z”），我们得到：

$$z<x,$$

又据定理 3，上式蕴函：

$$x>z,$$

而这就是公理 5 的结论。

同样可以证明：

(II) 公理 10 或公理 11 中的一个能够借助于公理 1—3 从另一个推演出来。

最后，我们有：

(III) 公理 6 能够从公理 7—9 推演出来。

* 后一断定的证明不十分简单，而和定理 11 的第二个证明类似。已给任意二数 x 和 y，四次应用公理 9，逐个地引进四个新的数 u, w, z 和 v，令它们满足下列公式：

(1) $$y=y+u,$$

(2) $$u=x+w,$$

(3) $$y = w + z,$$

(4) $$z = y + v。$$

据交换律,从(1)我们有:

$$y = u + y;$$

将以上等式与(4)合在一起,而像在定理 11 的证明中那样进行论证,根据结合律,我们得到:

(5) $$z = u + z。$$

从(5)和(2)我们得到:

$$z = (x + w) + z,$$

由此,再据结合律,

$$z = x + (w + z),$$

由于(3),由上式可得:

(6) $$z = x + y。$$

这样我们已经证明,对于任何两数 x 和 y,存在一数 z,对于 z(6)成立;而这正是公理 6 的内容。

可以补充一点:上面大致叙述的推论方式不仅适用于加法,按照 § 37 和 § 38 的一般论述,也适用于任何其他运算;在类 K 中交换的,结合的以及右可反的一个运算 O 在该类中也是可行的,因而类 K 对于运算 O 构成一个交换群(参看 § 47)。*

现在我们已经知道系统 $\mathfrak{A}$ 至少包含三个多余的,因之可以省略的公理。因此,系统 $\mathfrak{A}$ 可以为以下八个公理组成的系统所代替:

公理 1(1)。对于任何数 x 和 y,我们有:$x = y$ 或者 $x < y$ 或者 $x > y$。

公理 $2^{(1)}$. 如果 $x<y$,那么 $y \nless x$。

公理 $3^{(1)}$. 如果 $x>y$,那么 $y \ngtr x$。

公理 $4^{(1)}$. 如果 $x<y$ 而且 $x<z$,那么 $x<z$。

公理 $5^{(1)}$. $x+y=y+x$。

公理 $6^{(1)}$. $x+(y+z)=(x+y)+z$。

公理 $7^{(1)}$. 对于任何数 x 和 y,有一数 z,使得 $x=y+z$。

公理 $8^{(1)}$. 如果 $y<z$,那么 $x+y<x+z$。

我们将称这个公理系统为系统 $\mathfrak{A}^{(1)}$,现在我们有以下的结果:

系统 $\mathfrak{A}$ 与 $\mathfrak{A}^{(1)}$ 等价。

与原来系统比较,新的简化了的公理系统,从美学观点和教学观点两方面看,都有一些缺点。对于两个基本符号"<"和">",它不再是对称的,关系<的一些性质不加证明地被接受下来,而关系>的完全类似的性质不得不首先加以证明。在新系统中,公理6也被省略,公理6具有非常初等并且直观上明显的性质,然而它之从系统 $\mathfrak{A}^{(1)}$ 的公理推演出来是比较困难的。

§56. 化简了的系统的公理的独立性

现在发生一个问题:是否系统 $\mathfrak{A}^{(1)}$ 中还有任何其他多余的公理。我们将证明事实上不是如此:

$\mathfrak{A}^{(1)}$ 是互相独立的公理的系统。

为了确立以上陈述的方法论的命题,我们用凭借解释的证明方法,这种方法在§37的一个特例中已经使用过。

我们要证明系统 $\mathfrak{A}^{(1)}$ 中没有一个公理可以从这个系统的其余

公理推演出来。让我们考虑公理 $2^{(1)}$ 作为一个例子。假设我们在系统 $\mathfrak{B}^{(1)}$ 的公理中，把符号"$<$"全部代换为"$\leqq$"，而不以任何其他方式改变公理。作为这种变换的结果，除公理 $2^{(1)}$ 以外，没有一个公理失去它的正确性；事实上，公理 $3^{(1)}$，$5^{(1)}$，$6^{(1)}$ 和 $7^{(1)}$，由于它们不包含符号"$<$"，仍然不变，而公理 $1^{(1)}$，$4^{(1)}$ 和 $8^{(1)}$ 变为一些算术定理，它们的证明，根据系统 $\mathfrak{A}$ 或 $\mathfrak{A}^{(1)}$ 与符号"$\leqq$"的定义 1(参看§46)，没有任何困难。因此，可以断言，所有的数构成的集合 N，关系$\leqq$和$>$，以及加法运算构成公理 $1^{(1)}$ 和 $3^{(1)}$—$8^{(1)}$ 的一个模型；这七个公理的系统于是在算术中有一个新的解释。另一方面，可以立即看出，由公理 $2^{(1)}$ 经过变换得到的语句是假的，因为它的否定在算术中能够容易地证明；公式：

$$x \leqq y$$

并不常常排斥：

$$y \leqq x,$$

因为有数 x 和 y 同时满足两个不等式：

$$x \leqq y \text{ 而且 } y \leqq x$$

(自然，如果而且仅仅如果，x 和 y 相等，才是这种情形)。因此，如果一个人相信算术的无矛盾性(参看§41)，他不得不承认这一事实：从公理 $2^{(1)}$ 得到的语句不是这个学科的一个定理。从此推演出公理 $2^{(1)}$ 不能从系统 $\mathfrak{A}^{(1)}$ 的其余公理推演出来；因为否则在任何解释中，如果其他公理成立，这个公理也不会不正确(参看§37中类似的讨论)。

使用同样的推理方法，但是应用其他适当的解释，关于其他每一个公理可以得到同样的结果。

*一般地，用解释证明的方法可以描述如下。问题是，证明某个语句 A 不是一已给演绎理论的公理或者其他命题的系统 $\mathfrak{S}$ 的一个推论。为了证明这一点，我们考虑一个任意的，假定是无矛盾的演绎的理论 $\mathfrak{T}$（在特殊的情形下，可能就是系统 $\mathfrak{S}$ 的命题所属的同一个理论）。然后我们试着在这个理论之内找到系统 $\mathfrak{S}$ 的一个解释，使得不是语句 A 本身，而是它的否定成为理论 $\mathfrak{T}$ 的一个定理（也可能是一个公理）。如果我们能够做到这一点，我们可以应用 § 38 中陈述的演绎法定律。如我们所知，从这个定律推出，如果语句 A 能够从系统 $\mathfrak{S}$ 的命题推演出来，那么对于这个系统的任何解释，它将仍然是正确的。因此，存在 $\mathfrak{S}$ 的一个解释，对于这个解释 A 不正确，这件事实是这一语句不能从系统 $\mathfrak{S}$ 推演出来的一个证明。更严格地说，它是以下条件语句的一个证明：

> 如果理论 $\mathfrak{T}$ 是无矛盾的，那么语句 A 不能从系统 $\mathfrak{S}$ 的命题推演出来。

何以必须包括理论 $\mathfrak{T}$ 是无矛盾的这一假定，其理由是容易理解的。因为如果不然，理论 $\mathfrak{T}$ 会把两个矛盾的语句包括在它的公理和定理之中，而我们不能仅从 $\mathfrak{T}$ 包含 A 的否定这一事实，推论出 $\mathfrak{T}$ 会不包含语句 A（或者毋宁说 A 的解释）；这样我们的论证就会不正确。

用上面的方法，要得到一已给的公理系统的独立性的详尽证明，在所讨论的系统中有多少公理，上述的方法就得要应用多少次；每个公理依次地当作语句 A，而 $\mathfrak{S}$ 就由系统的其余公理所组成。*

§57. 多余的基本词项的消去和公理系统的继续化简；一个有序交换群的概念

我们再一次回到公理系统 $\mathfrak{A}^{(1)}$，因为这个系统是独立的，它不能用去掉多余的公理的办法进一步化简。不过，可以用不同的方法进一步化简。因为事实表现出，系统 $\mathfrak{A}^{(1)}$ 的基本词项不是互相独立的。事实上，“＜”和“＞”两个符号中的一个可以从基本词项的目录中抹去，然后用另一个来定义它。从定理 3 可以很容易地看出这一点来；定理 3 由于它所具有的形式，可以看作是符号“＞”借助于符号“＜”的一个定义，而如果在这个定理中我们把等价式的两边互换，我们可以把它当作符号“＜”借助于符号“＞”的一个定义（在两种情形中以“我们说”这个短语放在定理的前面是合宜的；参看 §11）。从教学的观点看，基本词项的这种还原可能引起某些反对意见；因为词项“＜”和“＞”在意义上是同样清楚，而且它们所指的关系具有完全类似的性质，因而把其中的一个看作是直接可以理解的，而另一个必须借助于第一个来定义，这种做法会显得有些不自然。但是这些反对意见不大使人信服。

如果现在不顾任何教学上的考虑，我们决定从基本词项的目录中消去所说的符号中的一个，使我们的公理具有一种形式，其中无被定义的词项出现，这一件工作就产生了。（顺便提一提，这是一个方法论的公设，实际上它常常被置之不理；特别是在几何中，为增加公理的简易性和明显性，常用被定义词项陈述公理。）这件工作没有任何困难；我们仅仅把公理系统 $\mathfrak{A}^{(1)}$ 中的每一个这样的公式：

$$x>y$$

代换以公式： $y<x$，

据定理 3，两公式是等价的。然后容易看出，公理 1 可以为连通性定律，即定理 4 所代替，因为根据逻辑的（即，语句演算的）一般定律两者可以互相推出；现在公理 3 成为公理 2 的一个单纯代换，因而可以略去。这样我们得到由以下七个公理组成的系统：

公理 $1^{(2)}$. 如果 $x \neq y$，那么 $x<y$ 或 $y<x$。

公理 $2^{(2)}$. 如果 $x<y$，那么 $y \nless x$。

公理 $3^{(2)}$. 如果 $x<y$ 而且 $y<z$，那么 $x<z$。

公理 $4^{(2)}$. $x+y=y+x$。

公理 $5^{(2)}$. $x+(y+z)=(x+y)+z$。

公理 $6^{(2)}$. 对于任何数 x 和 y，有一个数 z，使得 $x=y+z$。

公理 $7^{(2)}$. 如果 $y<z$，那么 $x+y<x+z$。

这个公理系统称为系统 $\mathfrak{A}^{(2)}$，它与前面两个系统 $\mathfrak{A}$ 和 $\mathfrak{A}^{(1)}$ 的任何一个等价。不过，这么说不严格；因为不可能从系统 $\mathfrak{A}^{(2)}$ 的公理推演出系统 $\mathfrak{A}$ 或 $\mathfrak{A}^{(1)}$ 的那些含有符号“$>$”的语句，除非系统 $\mathfrak{A}^{(2)}$ 由于加进这个符号的定义而扩充。如我们所知，我们可以予这个定义以以下形式：

定义 $1^{(2)}$. 我们说，$x>y$，当且仅当，$y<x$。

我们也知道，这最后的语句如果不当作定义，而是当作一个普通的定理（在这种情形下，略去开头的短语“我们说”），那么它能够在系统 $\mathfrak{A}$ 或 $\mathfrak{A}^{(1)}$ 的基础上证明。所讨论的三个系统等价这一事实可以表示如下：

系统 $\mathfrak{A}^{(2)}$ 和定义 $1^{(2)}$ 一起等价于系统

$\mathfrak{A}$ 和 $\mathfrak{A}^{(1)}$ 中的任一个。

每当比较两个等价的然而至少包含有一部分不同的基本词项的公理系统时，需要用同样慎重的陈述方式。

公理系统 $\mathfrak{A}^{(2)}$ 由于它的结构简单而优越性显著，头三个公理是关于小于关系的，它们一起断定，集合 **N** 为这个关系排成一定次序；其次的三个公理是关于加法的，它们断定，集合 **N** 对于加法是一个交换群；末一个公理——单调定律——最后陈述小于关系和加法运算之间的一种相关性。一类 K 称为是对于关系 R 和运算 O 的一个有序交换群，如果(i)类 K 为关系 R 排成一定次序，(ii)类 K 是对于运算 O 的一个交换群，而且(iii)运算 O 在类 K 中对于关系 R 是单调的。按照这个用语我们可以说，数的集合为公理系统 $\mathfrak{A}^{(2)}$ 描述为：对于小于关系和加法运算的一个有序交换群。

关于系统 $\mathfrak{A}^{(2)}$ 可以确立以下事实：

系统 $\mathfrak{A}^{(2)}$ 是一个独立的公理系统，而且所有它的基本词项，即“**N**”，“<”和“+”是互相独立的。

我们略去这个命题的证明。我们只说，为了确立基本词项的互相独立性，人们必须再次应用凭借解释的证明的方法，不过这个方法在这个情形下要采取更为复杂的形式；篇幅不够，使我们不能深入讨论为了这个目的这个方法所需要作的改变。

§58. 公理系统的进一步化简；基本词项系统的可能变换

系统 $\mathfrak{A}^{(2)}$ 显然可以为任何一个与它等价的语句系统所代替。

这里我们要给出这种系统的一个特别简单的例子，这个系统可以称为系统 $\mathfrak{A}^{(3)}$。它含有的基本词项和 $\mathfrak{A}^{(2)}$ 的相同，它只包含五个语句：

公理 $1^{(3)}$. 如果 $x \neq y$，那么 $x<y$ 或 $y<x$。

公理 $2^{(3)}$. 如果 $x<y$，那么 $y \nless x$。

公理 $3^{(3)}$. $x+(y+z)=(x+z)+y$。

公理 $4^{(3)}$. 对于任何数 x 和 y 有一数 z 使得 $x=y+z$。

公理 $5^{(3)}$. 如果 $x+z<y+t$，那么 $x<y$，或 $z<t$。

我们将证明

系统 $\mathfrak{A}^{(2)}$ 与 $\mathfrak{A}^{(3)}$ 等价。

证明。首先，我们注意，系统 $\mathfrak{A}^{(3)}$ 的所有公理或者包含在系统 $\mathfrak{A}$ 中(例如，公理 $2^{(3)}$ 与公理 2 相合，公理 $4^{(3)}$ 与公理 9 相合)；或者在系统 $\mathfrak{A}$ 的基础上被证明(公理 $1^{(3)}$，$3^{(3)}$ 和 $5^{(3)}$ 分别与定理 4，9 和 14 相合)。但是因为公理系统 $\mathfrak{A}$ 与 $\mathfrak{A}^{(2)}$ 等价，如我们从 § 57 知道的(定义 $1^{(2)}$ 毕竟总是可以加到系统 $\mathfrak{A}^{(2)}$ 上去)，我们可以推断，系统 $\mathfrak{A}^{(3)}$ 的所有语句可以在系统 $\mathfrak{A}^{(2)}$ 的基础上证明。剩下的就是从系统 $\mathfrak{A}^{(3)}$ 的公理推演出系统 $\mathfrak{A}^{(2)}$ 的那些不在 $\mathfrak{A}^{(3)}$ 中出现的语句，即公理 $3^{(2)}$，$4^{(2)}$，$5^{(2)}$ 和 $7^{(2)}$，这件工作不是那么简单。

* 我们从公理 $4^{(2)}$ 和 $5^{(2)}$ 开始。

(I) 公理 $4^{(2)}$ 能够从系统 $\mathfrak{A}^{(3)}$ 的公理推演出来。

因为，给定二数 x 和 y，我们可以应用公理 $4^{(3)}$(但以"x"代其中的"y"，以"y"代其中的"x")，因而，有一个数 z，使得

(1) $$y=x+z。$$

如果现在在公理 $3^{(3)}$ 中，我们以"x"代"y"，则得：

(2)　$$x+(x+z)=(x+z)+x。$$

由于(1),以上等式两边的“$x+z$”可以用“y”替换,于是我们得到公理 $4^{(2)}$:

$$x+y=y+x。$$

(II)　公理 $5^{(2)}$ 能够从系统 $\mathfrak{A}^{(3)}$ 的公理推演出来。

事实上,据公理 $3^{(3)}$ 我们有(如果以“y”代换“z”,以“z”代换“y”):

$$x+(z+y)=(x+y)+z;$$

据(I)我们已经推演出交换律,由于交换律我们可以把这里的“$z+y$”代以“$y+z$”,于是我们得到公理 $5^{(2)}$:

$$x+(y+z)=(x+y)+z。$$

为便于推演出公理 $3^{(2)}$ 与 $7^{(2)}$,我们将首先表明,前章陈述的一些公理和定理如何可以在系统 $\mathfrak{A}^{(3)}$ 的基础上证明。

(III)　定理 1 能够从系统 $\mathfrak{A}^{(3)}$ 的公理推演出来。

我们只须注意,§44 所给的定理 1 的证明仅仅是根据公理 2,而公理 2 又与系统 $\mathfrak{A}^{(3)}$ 的公理 $2^{(3)}$ 相合。

(IV)　公理 6 能够从系统 $\mathfrak{A}^{(3)}$ 的公理推演出来。

事实上,在§55 中我们已经知道公理 6 能够从公理 7,8 和 9 演绎出来,公理 7 和 8 与公理 $4^{(2)}$ 和 $5^{(2)}$ 相同,因而据(I)和(II),能够从系统 $\mathfrak{A}^{(3)}$ 的公理推演出来。另一方面,公理 9 在系统 $\mathfrak{A}^{(3)}$ 中作为公理 $4^{(3)}$ 出现,所以,公理 6 是 $\mathfrak{A}^{(3)}$ 的公理的一个推论。

(V)　定理 11 能够从系统 $\mathfrak{A}^{(3)}$ 的公理推演出来。

在定理 11 的第二个证明中,如§49 中所给的,只用到公理 7,8 和 9,因此定理 11 能够从系统 $\mathfrak{A}^{(3)}$ 的公理推演出来,其理由与公理 6 相同；见(IV)。

(VI)　定理 12 能够从系统 $\mathfrak{A}^{(3)}$ 的公理推演出来。

因为，假定定理 12 的假设成立：

$$x+y<x+z;$$

我们应用公理 $5^{(3)}$，但以“y”，“x”和“z”分别替换公理 $5^{(3)}$ 中的“z”，“y”和“t”。从此得出以下公式：

$$x<x \text{ 或 } y<z$$

中的一个必须成立；第一个可能必须被否定，因为它与定理 1 矛盾，而我们已经证明定理 1 可以从系统 $\mathfrak{A}^{(3)}$ 推演出来，——参看(III)。因此，定理 12 的结论：

$$y<z$$

必须成立。

(VII)　公理 $3^{(2)}$ 能够从系统 $\mathfrak{A}^{(3)}$ 的公理推演出来。

让我们假定公理 $3^{(2)}$ 的假设，即公式：

(1)

$$x<y$$

与

(2)　$$y<z。$$

如果现在我们有：

$$y+x=y+z,$$

那么，据由(V)已经推演出来的定理 11，推出

$$x=z。$$

于是在(1)中“x”可代换以“z”，而这将导致：

$$z<y。$$

由于公理 $2^{(3)}$ 这个不等式与(2)矛盾，因而必须被否定。于是我们有：

(3) $$y+x \neq y+z。$$

因为据公理 6，$y+x$ 和 $y+z$ 都是数，我们可以根据公理 $1^{(3)}$ 从(3)推论出以下两种情形：

(4) $$y+x<y+z \quad 或 \quad y+z<y+x$$

中的一个必须成立。考虑(4)的第二个公式，据已经推演出来的公理 $4^{(2)}$，我们可以把其中的"$y+x$"代换以"$x+y$"；这样我们得到：

$$y+z<x+y。$$

应用公理 $5^{(3)}$ 于上式，但以"y"代换公理 $5^{(3)}$ 中的"x"和"t"，以"x"代换其中的"y"。用这种方法我们得到以下的推论：

$$y<x \text{ 或 } z<y。$$

但是这一个推论必须被否定，因为由于公理 $2^{(3)}$，它与(1)和(2)矛盾，而(1)和(2)构成公理 $3^{(2)}$ 的假设。因此我们回到(4)的第一个公式并应用由(VI)推演出来的定理 12，但以"x"代换定理 12 中的"y"，以"y"代换其中的"x"；于是我们得到：

$$x<z$$

而这就是公理 $3^{(2)}$ 的结论。

(VIII)　公理 $7^{(2)}$ 能够从系统 $\mathfrak{A}^{(3)}$ 的公理推演出来。

这里的方法与刚才所用的方法相似，但是更为简单。我们假定公理 $7^{(2)}$ 的假设：

(1) $$y<z。$$

如果现在我们有：

$$x+y=x+z,$$

那么据定理 11 推出

$$y = z;$$

因此在(1)中我们可以用“z”代“y”,而得到一个与定理 1 相矛盾的公式,据(III)定理 1 已经推演出来。所以我们必须有:

$$x + y \neq x + z,$$

据公理 $1^{(3)}$,从此推出

$$x + y < x + z \text{ 或 } x + z < x + y \text{。} \quad (2)$$

由于定理 12,以上不等式中的第二个导致:

$$z < y,$$

但是根据公理 $2^{(3)}$,上式与我们的假设(1)矛盾。因之我们必须承认不等式(2)中的第一个:

$$x + y < x + z,$$

而这就是公理 $7^{(2)}$ 的结论。*

用这种方法,我们知道系统 $\mathfrak{A}^{(2)}$ 的所有语句是系统 $\mathfrak{A}^{(3)}$ 的推论,反之亦然;因此两个公理系统 $\mathfrak{A}^{(2)}$ 和 $\mathfrak{A}^{(3)}$ 确实证明是等价的。

无疑的,系统 $\mathfrak{A}^{(3)}$ 较系统 $\mathfrak{A}^{(2)}$ 简单,因而此系统 $\mathfrak{A}$ 或 $\mathfrak{A}^{(1)}$ 更简单。比较系统 $\mathfrak{A}$ 与 $\mathfrak{A}^{(3)}$ 是特别有趣的事;作为连续还原的结果,公理的数目减少了一大半。另一方面,也应该注意,系统 $\mathfrak{A}^{(3)}$ 的某些语句(即,公理 $3^{(3)}$ 和 $5^{(3)}$)比其他系统的公理较不自然和复杂,某些,甚至是非常初等的、定理的证明在这里较之在其他系统的基础上也是更为复杂和困难。

如同公理系统一样,基本词项的系统也可以为任何等价的系统所代替。这一点特别适用于“**N**”,“<”与“+”三个词项的系统,这三个词项在刚刚讨论过的那些公理中作为仅有的基本词项而出

现。如果在这个系统中我们以符号“≦”代替符号“<”,我们得到一个等价的系统;因为“≦”是用“<”定义的,而定理8告诉我们,后者又如何可以用前者来定义。可是基本词项系统的这样一种变换并无好处;特别是,对于公理的化简并无帮助,对于那些对符号“<”较之对符号“≦”可能更为熟悉的读者,这种变换甚至可能显得颇不自然。在原来的系统中将符号“+”代换以“−”可以得到另一个等价的系统;但是这种变换也并不方便。最后,我们要指出,有其他的基本词项系统与所讨论的系统等价,却只包括两个词项。

§59.所构造理论的无矛盾性问题

现在我们简单地讨论一下,关于上面所考虑的一小部分算术的几个其他的方法论问题;这就是无矛盾性问题和完全性问题(参看§41)。因为不论我们的说明涉及的是几个等价的公理系统中的哪一个,都没有什么关系,我们现在将总是讨论系统$\mathfrak{A}$。

如果我们相信全部算术的无矛盾性(前面曾经作此假定,在以下的讨论中还要假定这一点),那么我们必定更要承认以下事实

建立在系统$\mathfrak{A}$之上的数学理论是无矛盾的。

但是要给出全部数学的无矛盾性的严格证明,这一试图遇到了根本的困难(参看§41),而对于系统$\mathfrak{A}$的这种证明不仅是可能的甚至还比较简单。理由之一就是,能够从公理系统$\mathfrak{A}$推演出来的定理的变化的确是非常小的;例如,在它的基础上不可能回答这样非常初等的问题,即是否有任何数存在的问题。这种情形使得所讨论的一部分算术不包含一对矛盾定理,这一事实的证明大为容易。

不过用这里我们使用的工具，大致叙述无矛盾性的证明，甚或尝试着使读者知道它的基本思想，都将是没有希望的事；这需要比较深的逻辑知识，而一个重要的初步工作是把所讨论的一部分算术改造成为一个形式化的演绎理论（参看 § 40）。还可以补充一点，如果用一个说至少有两个不同的数存在这样的语句扩充系统 $\mathfrak{A}$，那么试图证明扩充了的公理系统的无矛盾性将会遇到困难，困难的程度就像在全部算术系统的情形下遇到的一样。

§ 60. 所构造理论的完全性证明

与无矛盾性问题相比较，系统 $\mathfrak{A}$ 的完全性问题处理起来要容易得多。

有许多完全用逻辑词项和系统 $\mathfrak{A}$ 的基本词项陈述的问题，它们无论如何都不容许在这个系统的基础上判定。上一节中已经提到一个这样的问题。以下语句给出另一个例子，这个语句说，对于任何数 x，有一个数 y，使得

$$x = y + y。$$

只在系统 $\mathfrak{A}$ 的公理的基础上，既不可能证明也不可能否证这个语句。这一点可以从下面的讨论看出。我们曾经用符号“**N**”表示所有实数构成的集合；也就是说，集合 **N** 包括整数和分数，有理数和无理数。但是立刻可以看出，如果我们用符号“**N**”表示所有整数（包括 0 在内的正和负的整数）构成的集合，或者所有有理数构成的集合，没有一个公理，因而没有一个从它们推出来的定理，会失去它们的正确性；也就是说，如果“数”这个字指“整数”或者指“有

理数”，所有这些命题会仍然正确。上面提到的语句，也就是，断定对于任何给定的数有另外一个数是它的一半这样一个语句，在第一种情形下会是假的；在第二种情形下会是真的。因此，如果我们在系统 $\mathfrak{A}$ 的基础上得以证明这个语句，我们会在整数算术的范围内得到一个矛盾；另一方面，如果我们能够否证它，那么我们将发现自己在有理数算术的范围内陷入矛盾。

这里大致叙述的论证属于用解释证明的范畴（参看§37与§56）；为了说明这一点，让我们将论证的陈述略加改变。令“**I**”指所有整数的集合，“**R**”指所有有理数的集合。现在我们将在算术范围内给出系统 $\mathfrak{A}$ 的两种解释，在两种解释中符号“<”，“>”和“+”不变，而在每个公理中明显地或者隐含地出现的符号“**N**”在第一种解释中为“**I**”所代替，在第二种解释中为“**R**”所代替（这里我们不考虑§43中关于符号“**N**”可能消去所作的说明，因为这会使我们的推理略为复杂）。系统 $\mathfrak{A}$ 的所有公理在两种解释中保持它们的正确性；不过，语句：

对于每一个数 x，有一个数 y，使得

$$x=y+y,$$

只在第二种解释的情形下被满足，而在第一种解释的情形下它的否定成立：

并非对于每一个数 x，有一个数 y，使得

$$x=y+y。$$

在算术无矛盾的假定下，我们从第一种解释推论出，所讨论的语句不能在系统 $\mathfrak{A}$ 的基础上证明，而从第二种解释推论出，它也不能被否证。

这样我们已经证明存在两个互相矛盾的语句，它们只用逻辑词项和我们所考虑的数学理论的基本词项来陈述，它们具有这种性质，即它们两个都不能从这个理论的公理推演出来。于是我们有：

建立在系统 $\mathfrak{A}$ 之上的数学理论是不完全的。

练　习

1. 让我们约定公式：

$$x \otimes y$$

作如下的解释：

$$x+1<y,$$

现在请将 § 57 的系统 $\mathfrak{A}^{(2)}$ 的公理中的符号"<"全部替以"⊗"，试判定哪一个公理保持它的正确性哪一个公理不保持，因而推论出公理 $1^{(2)}$ 不能够从其余的公理推演出来。这里所用的推论方法的名字是什么？

2. 依照 § 56 大致叙述的公理 $2^{(1)}$ 的独立性证明的线索，证明：公理 $2^{(2)}$ 不能从系统 $\mathfrak{A}^{(2)}$ 的其余公理推演出来。

3. 令符号"$\mathring{N}$"指 0，1 和 2 三个数组成的集合。在这个集合的元素之间我们定义一个关系$\angle$，规定它只在以下三种情形下成立：

$$0 \angle 1, 1 \angle 2, 2 \angle 0。$$

此外，我们用以下公式定义一个在集合 $\mathring{N}$ 的元素之上的运算♀：

$$0 ♀ 0 = 1 ♀ 2 = 2 ♀ 1 = 0,$$

$$0 \overset{\circ}{+} 1 = 1 \overset{\circ}{+} 0 = 2 \overset{\circ}{+} 2 = 1,$$

$$0 \overset{\circ}{+} 2 = 1 \overset{\circ}{+} 1 = 2 \overset{\circ}{+} 0 = 2。$$

现在在系统 $\mathfrak{A}^{(2)}$ 的公理中，以“$\overset{\circ}{N}$”，“$\overset{\circ}{\angle}$”和“$\overset{\circ}{+}$”分别替换这个系统的基本词项(并以表达式“0，1 和 2 三个数中的一个”替换“数”这一个词)；证明：经过这种变换，公理 3$^{(2)}$ 不能从其余的公理推演出来。

4. 为了用借解释证明的方法表明：公理 4$^{(2)}$ 不能从系统 $\mathfrak{A}^{(2)}$ 的其余公理推演出来，只要在所有的公理中把加号换为第 VIII 章第 3 题中提到的四种运算中的某一个的符号。必须用到的是哪一种运算？

5. 考虑适合以下公式：

$$x \oplus y = 2 \cdot (x + y)$$

的运算 $\oplus$。利用这个运算证明：公理 5$^{(2)}$ 不能从系统 $\mathfrak{A}^{(2)}$ 的其他公理演绎出来。

6. 构造这样一个数的集合，它与关系 $<$ 和运算 $+$ 一起，虽不满足公理 6$^{(2)}$，但是构成系统 $\mathfrak{A}^{(2)}$ 的其余公理的一个模型。因此，关于公理 6$^{(2)}$ 的可推演性可以得出什么结论？

7. 为了证明公理 7$^{(2)}$ 不是系统 $\mathfrak{A}^{(2)}$ 的其他公理的一个推论，我们可以如此进行：在所有的公理中，把这个系统的两个基本词项替换以第 3 题中引进的相应的符号，而让第三个基本词项不变。试判定哪一个词项应该保留不变。

8. 第 1—7 题中所得的结果表明，没有一个系统 $\mathfrak{A}^{(2)}$ 的公理能够从这个系统的其余公理推演出来。对 § 55 的公理系统 $\mathfrak{A}^{(1)}$ 和 § 58 的 $\mathfrak{A}^{(3)}$ 作出类似的独立性证明(部分使用上题中所用的解释)。

9.在公理系统$\mathfrak{A}^{(2)}$的基础上,证明:对于加法运算是一个交换群的任何数的集合同时是对于小于关系和加法运算的一个有序交换群。给出这种数的集合的一些例子。

10.在第VIII章的第5题中给出了几个数的集合,它们对于乘法构成交换群。这些集合中的哪一些对于小于关系和乘法运算是有序交换群,哪些不是?

11.用第10题中得到的结果,作出公理$7^{(2)}$对于系统$\mathfrak{A}^{(2)}$的其余公理的独立性的新证明(参看练习7)。

*12.在公理系统$\mathfrak{A}^{(2)}$的基础上证明下列定理:

如果至少有两个不同的数,那么对于任何数x,有一个数y,使得$x<y$。

作为这个结果的推广,证明下列一般的群论定理:

> 如果类K对于关系R和运算O是一个有序交换群,又如果K至少有两个元素,那么,对于K的任何元素x,有K的一个元素y,使得xRy。

利用这个定理证明:没有一个是有序交换群的类能够刚好由两个,或者三个,等等元素所组成。它能够刚好包含一个元素吗?(参看第VIII章的第8题。)

*13.证明公理$1^{(2)}$—$3^{(2)}$的系统(参看§57)等价于由公理$1^{(1)}$和以下语句所组成的系统:

如果$x<y$, $y<z$, $z<t$, $t<u$而且$u<v$, 那么$v \nless x$。

确立下列关系理论的一般定律作为以上结果的推广:

> 类K为关系R排成一个次序,必须且只须,R在K中是连通的,而且满足下列条件:

如果 x,y,z,t,u 和 v 是 K 的任何元素，而且如果 xRy，yRz，zRt，tRu 并且 uRv，那么不是 vRx。

*14. 用§48，§55 和§58 的讨论，证明以下三个语句系统等价：

(a) §47 的公理 6—9 的系统。

(b) §57 的公理 $4^{(2)}$—$6^{(2)}$ 的系统。

(c) §58 的公理 $3^{(3)}$ 和 $4^{(2)}$ 的系统。

推广这个结果，简明陈述以下表达式的新定义：

类 K 对于运算 O 是一个交换群，

而且使它和§47 所给的定义等价，但是较为简单。

*15. 考虑由以下五个公理组成的系统 $\mathfrak{A}^{(4)}$：

公理 $1^{(4)}$. 如果 $x \neq y$，那么 $x<y$ 或 $y<x$。

公理 $2^{(4)}$. 如果 $x<y$，$y<z$，$z<t$，$t<u$，而且 $u<v$，那么 $v \nless x$。

公理 $3^{(4)}$. $x+(y+z)=(x+z)+y$。

公理 $4^{(4)}$. 对于任何数 x 和 y，有一个数 z，使得 $x=y+z$。

公理 $5^{(4)}$. 如果 $y<z$，那么 $x+y<x+z$。

用第 13 题和第 14 题的结果证明：系统 $\mathfrak{A}^{(4)}$ 等价于系统 $\mathfrak{A}^{(2)}$ 和 $\mathfrak{A}^{(3)}$ 中的每一个。

16. 在§58 中曾经断定"N"，"<"和"+"三个基本词项的系统等价于词项"N"，"≦"和"+"的系统；对于这个断定实在应该补充一点：这些系统对于某一个语句系统，例如，对于§58 的系统 $\mathfrak{A}^{(3)}$ 和§46 的定义 1，是等价的。讨论：何以这一点补充是不可少的。一般而论，当要建立两个词项的系统等价时（在§39 的意义上），何以必须提到一个特殊的语句系统？

*17.考虑由以下七个语句组成的系统 $\mathfrak{A}^{(5)}$：

公理 $1^{(5)}$. 对于任何数 x 和 y，我们有：$x \leqq y$ 或 $y \leqq x$。

公理 $2^{(5)}$. 如果 $x \leqq y$ 而且 $y \leqq x$，那么 $x = y$。

公理 $3^{(5)}$. 如果 $x \leqq y$ 而且 $y \leqq z$，那么 $x \leqq z$。

公理 $4^{(5)}$. $x + y = y + x$。

公理 $5^{(5)}$. $x + (y + z) = (x + y) + z$。

公理 $6^{(5)}$. 对于任何数 x 和 y，有一个数 z，使得 $x = y + z$。

公理 $7^{(5)}$. 如果 $y \leqq z$，那么 $x + y \leqq x + z$。

证明：如果将§46的定义1加到公理系统 $\mathfrak{A}^{(2)}$（参见§57）中去，将§46的定理8作为符号"$<$"的定义加到公理系统 $\mathfrak{A}^{(5)}$ 中去，那么两个系统成为等价的语句系统。为什么我们不可以简单地说，系统 $\mathfrak{A}^{(2)}$ 和 $\mathfrak{A}^{(5)}$ 等价？

18.依照§60的论证的线索证明：在系统 $\mathfrak{A}$ 的基础上，以下语句既不能证明也不能否证：

如果 $x < z$，那么有一个数 y，对于这个 y，$x < y$ 而且 $y < z$。

*19.在系统 $\mathfrak{A}$ 的基础上证明：下列语句既不能证明也不能否证：

对于任何数 x，有一个数 y，使得 $x < y$。

*20.在本章中，为了建立一个公理系统的独立性或不完全性，我们曾经使用凭借解释以证明的方法。在讨论公理系统的无矛盾性时也使用同样的方法。事实上，我们有以下方法论的定律供我们使用，这个定律是演绎法定律的一个推论：

如果演绎的理论 $\mathfrak{S}$ 在演绎的理论 $\mathfrak{T}$ 中有一个解释，并且理论 $\mathfrak{T}$ 是无矛盾的，那么理论 $\mathfrak{S}$ 也是无矛盾的。

证明这个命题是正确的。在§38中关于算术和几何的可能解释曾经作了一些说明;应用刚才所给的定律,从这些说明引申出关于算术和几何的无矛盾性,以及它们与逻辑的无矛盾性的关系的一些结论。

(X)所构造的理论的扩充。实数算术的基础

§61.实数算术的第一个公理系统

公理系统 $\mathfrak{A}$ 作为全部实数算术的基础是不够的,因为——如我们在§60中见到的——这个学科的许多定理不能从这个系统的公理演绎出来,而且也为了另一个重要性不下于前面所说的,恰好又十分类似的理由:能够找到一些属于算术领域的概念,它们不能用系统 $\mathfrak{A}$ 中出现的基本词项来定义。例如,系统 $\mathfrak{A}$ 不能使我们定义乘法符号或除法符号,甚至像"1","2"等等这样一些符号。

为了得到构造全部实数算术的一个充分基础,我们的公理和基本词项的系统必须如何改变和补充,这一问题立即提出来了。这个问题可以用种种方法解决。这里将大致叙述两种不同的解决方法。[①]

① 全部实数算术的第一个公理系统是希尔伯特在1900年发表的;这个系统和我们下面将要熟悉的系统 $\mathfrak{A}''$ 有关。在1900年以前,人们已经知道一些较不丰富的算术部分的公理系统;这样的第一个系统是关于自然数算术的系统,它是贝安诺(参看第127页注①)在1889年给出的。算术和它的不同部分的几个公理系统——特别是复数算术的第一个公理系统——是亨丁顿(参看第148页注②)发表的。

在第一种方法的情形下，我们选择系统 $\mathfrak{A}^{(3)}$（参见§58）作为我们的起点；在这个系统中出现的基本词项以外，我们加上"一"这一个字，像通常一样，这个字将为符号"1"所代替，系统的公理则为四个新的语句所补充。用这种方法得到一个新的系统 $\mathfrak{A}'$，它包括四个基本词项"N"，"<"，"+"和"1"而且由九个公理所组成，这九个公理我们将明显地列举如下：

公理 1′. 如果 $x \neq y$，那么 $x<y$ 或 $y<x$。

公理 2′. 如果 $x<y$，那么 $y \nless x$。

公理 3′. 如果 $x<z$，那么有一个数 y，使得 $x<y$ 而且 $y<z$。

公理 4′. 如果 K 和 L 是任何数的集合（即，$K \subset \mathrm{N}$ 而且 $L \subset \mathrm{N}$），它们满足条件：

对于属于 K 的任何 x 和属于 L 的任何 y，我们有：如果 $x<y$，那么有一个数 z，对于这个 z，下面的条件成立：

如果 x 是 K 的任一元素，而 y 是 L 的任一元素，又如果 $x \neq z$ 而且 $y \neq z$，那么 $x<z$ 而且 $z<y$。

公理 5′. $x+(y+z)=(x+z)+y$。

公理 6′. 对于任何数 x 和 y，有一个数 z，使得 $x=y+z$。

公理 7′. 如果 $x+z<y+t$，那么 $x<y$ 或 $z<t$。

公理 8′. $1 \in \mathrm{N}$。

公理 9′. $1<1+1$。

§62. 第一个公理系统的进一步描述，它的方法论上的优点和教学上的缺点

前节列举的公理分为三类。第一类包括公理 1′—4′，在这一

类中只有“N”和“<”两个基本词项出现；公理 5′—7′属于第二类，在这一类中我们有加添的符号“+”；最后，第三类包括公理 8′和 9′，新的符号“1”在其中出现。

在第一类公理中有两个我们以前没有遇到过，即**公理** 3′和 4′。**公理** 3′称为小于关系的**稠密性定律**——它表明**小于**关系在所有的数的集合中是稠密的。一般地我们说，关系 R **在类** K **中是稠密的**，如果对于这一类的任何二个元素，公式：

$$xRy$$

总是蕴函存在类 K 的一个元素 z，对于这个 z，

$$xRz \text{ 而且 } zRy$$

成立。**公理** 4′称为小于关系的**连续性定律**或者**连续性公理**，又或，**戴德铿公理**(Dedekind's axiom)①；为了一般地陈述，在什么条件下，关系 R 称为**在类** K **中是连续的**，只须在**公理** 4′中以“K”代替“N”(以及与此相联系，以“类 K 的元素”这一表达式代替“数”这一个词)，并以“R”代替“<”。如果类 K 为关系 R 排成一定序列，又如果 R 在 K 中是稠密的或连续的，那么 K 分别称为**稠密地排成次序**或**连续地排成次序**。

公理 4′直觉上不如其余公理明显，而且是比较复杂；原因就在于它所涉及的不是个别的数，而是数的集合，因而和其他的公理不同。为了给这个公理一个比较简单而且比较易于了解的形式，令下列定义在公理的前面，这样做是方便的：

---

① 这个公理是德国数学家戴德铿(R. Dedekind，1831—1916)创立的，不过他表示得稍为复杂一些。他的研究对于算术的基础，特别是无理数理论的基础，有巨大贡献。

我们说，数的集合 K 先于数的集合 L，当且仅当，K 的每一个数小于 L 的每一个数。

我们说，数 z 分隔数的集合 K 和数的集合 L，当且仅当，对于不同于 z 的任何两个元素，K 中的 x 和 L 中的 y，我们有：

$$x<z \text{ 而且 } z<y。$$

在这两个定义的基础上我们能够简单地陈述连续性公理如下：

如果一个数的集合先于另一个数的集合，那么至少有一个数分隔这两个集合。

我们从前面的讨论已经熟悉了第二类所有的公理。第三类公理虽然是新的，但是具有如此简单和明显的内容，以致几乎不需要任何的解释。或者我们仅作这样的说明，如果公理 9′的前面有符号“0”的定义和表达式“正数”的定义，那么公理 9′可以为公式：

$$0<1$$

或者为语句：

1 是一个正数

所代替。

公理 1′，2′，5′，6′和 7′正好构成我们所说的系统 $\mathfrak{A}^{(3)}$，系统 $\mathfrak{A}^{(3)}$——就像等价的系统 $\mathfrak{A}^{(2)}$ 一样——将所有的数构成的集合刻划为一个有序交换群（参看 § 57）。考虑新加的公理 3′，4′，8′和 9′的内容，现在我们可以描写整个系统如下：

系统 $\mathfrak{A}'$ 表明，所有的数的集合对于＜关系和加法运算是一个稠密地和连续地有序交换群，而且它在这个集合中挑出一个正的元素 1 来。

从方法论的观点看来，系统 $\mathfrak{A}'$ 有一些优点。就形式而论，在所有已经知道的构成全部算术的充足基础的公理系统中，它是最简单的一个。除公理 1 以外——公理 1 可以从其余的公理推演出来，虽则并不十分容易——，这个系统的所有其他公理以及在这些公理中出现的基本词项是互相独立的。另一方面，系统 $\mathfrak{A}'$ 的教学价值是较小的，因为基础的简单使得进一步的构造相当复杂，甚至乘法的定义，和有关这个运算的基本定律的推演都不易于作出。几乎从一开始，论证就必须使用连续性公理（例如，没有这个公理的帮助，在系统 $\mathfrak{A}'$ 的基础上就不可能证明数 $\frac{1}{2}$ 的存在，也就是，使得 $y+y=1$ 的数 y 的存在），并且初学者通常会发现根据这个公理所作的推论是颇为困难的。

§63. 实数算术的第二个公理系统

因为上面提到的理由，值得去寻找一个不同的公理系统，在这个公理系统之上构造算术。一个这样的系统可以用以下方法得到。我们用系统 $\mathfrak{A}^{(2)}$ 作为我们的出发点。我们将采用三个新的基本词项："零"，"一"和"积"；像通常一样，头两个将用符号"0"和"1"来代替，同时表达式"数（或因子）x 和 y 的积"（或"x 乘 y 的结果"）将用习用的符号"$x \cdot y$"来代替。此外，将加进十三个新的公理；在这些新公理中，有两个是我们已经知道的，即连续性公理和加法的可行性定律。这样，最后我们得到系统 $\mathfrak{A}''$，$\mathfrak{A}''$ 包含六个基本词项"N"，"<"，"+"，"0"，"∘"和"1"，而且由以下二十个语句所组成：

公理 $1''$. 如果 $x \neq y$，那么 $x<y$ 或 $y<x$。

公理 $2''$. 如果 $x<y$，那么 $y \nless x$。

公理 $3''$. 如果 $x<y$ 而且 $y<z$ 那么 $x<z$。

公理 $4''$. 如果 K 和 L 是任何满足以下条件的数的集合：

对于属于 K 的任何 x 和属于 L 的任何 y，我们有：如果 $x<y$，那么有一个数 z，对于这个 z，下列条件成立：

如果 x 是 K 的任一元素而 y 是 L 的任一元素，又如果 $x \neq z$ 而且 $y \neq z$，那么 $x<z$ 而且 $z<y$。

公理 $5''$. 对于任何数 y 和 z 有一个数 x 使得 $x=y+z$（换句话说：如果 $y \in \mathbf{N}$ 而且 $z \in \mathbf{N}$，那么 $y+z \in \mathbf{N}$）。

公理 $6''$. $x+y=y+x$。

公理 $7''$. $x+(y+z)=(z+y)+z$。

公理 $8''$. 对于任何数 x 和 y，有一个数 z，使得 $x=y+z$。

公理 $9''$. 如果 $y<z$，那么 $x+y<x+z$。

公理 $10''$. $0 \in \mathbf{N}$。

公理 $11''$. $x+0=x$。

公理 $12''$. 对于任何数 y 和 z，有一个数 x，使得 $x=y \cdot z$（换句话说：如果 $y \in \mathbf{N}$ 而且 $z \in \mathbf{N}$，那么 $y \cdot z \in \mathbf{N}$）。

公理 $13''$. $x \cdot y=y \cdot x$。

公理 $14''$. $x \cdot (y \cdot z)=(x \cdot y) \cdot z$。

公理 $15''$. 对于任何数 x 和 y，如果 $y \neq 0$，那么有一个数 z，使得 $x=y \cdot z$。

公理 $16''$. 如果 $0<x$ 而且 $y<z$，那么 $x \cdot y<x \cdot z$。

公理 $17''$. $x \cdot (y+z)=(x \cdot y)+(x \cdot z)$。

公理 $18''$. $1\in N$。

公理 $19''$. $x\cdot 1=x$。

公理 $20''$. $0\neq 1$。

§64. 第二个公理系统的进一步描述；域的概念和有序域的概念

在系统 $\mathfrak{A}''$ 中，像在系统 $\mathfrak{A}'$ 中一样，可以区分三类公理。公理 $1''$—$4''$ 组成第一类公理，在其中我们只有两个基本词项“**N**”和“<”；第二类公理由公理 $5''$—$11''$ 所构成，它包含另外两个符号：加号“+”和符号“0”；最后，第三类由公理 $12''$—$20''$ 所构成，它主要包含乘号“·”和符号“1”。

除公理 $10''$ 和 $11''$ 以外，头两类的所有公理是我们已经知道的。公理 $10''$ 和 $11''$ 一起说，0 是加法运算的一个（右）单位元素。一般地，一个元素 u 称为是运算 O 在类 K 中的一个右的或左的单位元素，如果 u 属于 K 而且如果 K 的每一个元素 x 分别满足公式：

$$xOu=x \text{ 或 } uOx=x。$$

如果 u 既是一个右的又是一个左的单位元素，那么它简单地称为运算 O 在类 K 中的一个单位元素；显然，在一个交换运算 O 的情形下，每一个右的或左的单位元素就是一个单位元素。

第三类的头三个公理，即公理 $12''$—$14''$，是乘法的可行性定律、交换律和结合律；它们恰好对应于公理 $5''$—$7''$。公理 $15''$ 和 $16''$ 称为乘法的右可反性定律和对于小于关系的乘法单调定律。这些公理对应于加法的可反性定律和单调定律，但不是十分准确的。

差别在于这一事实，即它们的假设包含限制的条件："$y \neq 0$"和"$0 < x$"；因此，尽管它们的名字如此，它们并不容许我们简单地断定，乘法是可反的或者它对于<关系是单调的(在§47和§49的意义上)。

公理17″建立加法和乘法之间的一个基本联系；它是所谓的乘法对于加法的分配律(或者严格地说，右分配律)。一般地说，运算P称为在类K中对于运算O是右分配的或左分配的，如果类K的任何三个元素x,y和z分别满足公式：

$$xP(yOz) = (xPy)O(xPz)$$

或

$$(xOy)Pz = (xPz)O(yPz)。$$

如果运算P是交换的，右分配和左分配两个概念相合，我们简单地说，运算P在类K中对于运算O是分配的。

最后三个公理是关于数1的。公理18″和19″一起说，1是乘法运算的一个右单位元素。公理20″的内容不需要任何说明；这个公理在算术的构造中所起的作用要比最初设想的大，因为没有它的帮助，不可能证明所有的数构成的集合是无穷的。

为了简单地描述在公理5″—8″，12″—15″和17″中归之于加法和乘法的全部性质，我们说，这些公理将集合N刻划为对于加法和乘法运算的一个域(或者比较精确地说，一个交换域)。又如果考虑次序公理1″—3″和单调公理9″和16″，集合N被刻划为对于<关系及加法运算和乘法运算的一个有序域。读者会很容易地推测出来，域的概念和有序域的概念如何推广到任意的类，运算和关系上去。——最后，如果考虑连续性公理4″和关于数0与1的公理，即公理10″，11″，18″—20″，那么整个公理系统$\mathfrak{A}''$的内容可

以描述如下：

系统$\mathfrak{A}''$表明，所有数的集合是对于＜关系及加法和乘法二个运算的一个连续地有序域；系统$\mathfrak{A}$还在这个集合中挑出两个不同的元素0和1来，其中0是加法的单位元素，而1是乘法的单位元素。

§65. 两个公理系统的等价；第二个系统的方法论上的缺点和教学上的优点

公理系统$\mathfrak{A}'$和$\mathfrak{A}''$是等价的（或者不如说，第一个系统一经增加符号“0”的定义和乘号“·”的定义——这两者可以利用它的基本词项陈述出来——，两个系统就成为等价的）。不过，这个等价性的证明不容易。诚然从第二个系统的公理推演出第一个系统的公理不是特别困难；但是一涉及相反方向的工作，从我们早先的说明已经得出，在第一个系统的基础上，定义乘法和证明支配这个运算的基本定律（它们在第二个系统中作为公理出现）都相当困难。

系统$\mathfrak{A}'$在方法论方面大大胜过系统$\mathfrak{A}''$。在$\mathfrak{A}''$中公理的数目是$\mathfrak{A}'$中的两倍多。这些公理不是互相独立的；例如，公理5″和12″，即加法和乘法的可行性定律，可以从其余公理推演出来，或者，如果保留这两个公理，其他的一些公理，如公理6″，11″和14″，可以消去。基本词项也不是独立的，因为其中的三个，即“＜”，“0”和“1”，可以用其他的来定义（*在§53中已经陈述了符号“0”，的一个可能的定义*），因之公理的数目可以更加减少。

所以，我们知道系统$\mathfrak{A}''$容许各种各样重要的化简；但是作为这些化简的结果，这个系统在教学上的优点会大大地减少。而这些优点确实是很大的。在系统$\mathfrak{A}'$的基础上，可以毫无困难地发展实数算术的最重要的部分，——如像数之间的基本关系的理论，加、减、乘、除四种初等算术运算的理论，线性方程式，不等式和函数的理论。这里要用的推论方法是十分自然和非常初等的；特别是在这个阶段连续性公理完全不参加进来，只是当我们过渡到乘方、开方，取对数这些“高等”算术运算时，它才起重要的作用，而它对于无理数存在的证明则是不可少的。我们不知道有其他的公理和基本词项的系统，为实数算术的一个初等的，同时是严格地演绎结构，提供一个更便利的基础。

练　习

1.证明：所有正数的集合，关系<，乘法运算和数 2 构成系统$\mathfrak{A}'$的一个模型，因此，这个系统在算术中至少有两个不同的解释。

2.第 V 章第 6 题列举的关系中哪些是稠密的？

*3.我们如何表示——用关系演算的符号——关系 R（在全类中）是稠密的？我们如何用关系演算中的一个等式表示关系 R 既是传递的又是稠密的？（参看第 V 章练习第 17 题。）

4.以下一些数的集合中哪些为关系<稠密地排成次序：

(a)所有自然数的集合，

(b)所有整数的集合，

(c)所有有理数的集合，

(d)所有正数的集合，

(e)所有不等于 0 的数的集合？

*5.为了在系统 $\mathfrak{A}'$ 的基础上证明数 $\frac{1}{2}$ 的存在，也就是，使得

$$z+z=1$$

的数 z 的存在，我们可以如下进行。令 K 是所有满足

$$x+x<1$$

的数 x 的集合，同样地令 L 是所有满足

$$1<y+y$$

的数 y 的集合。我们首先证明，集合 K 先于集合 L。现在应用连续性公理，我们得到分隔集合 K 和 L 的一个数 z。其次可以证明数 z 既不能属于 K（否则在 K 中就有一个数 x 大于 z）也不能属于 L。从此我们能够推论 z 是所求的数，换句话说，

$$z+z=1$$

成立。详细作出上面大致叙述的证明。

*6.推广上题的方法，在系统 $\mathfrak{A}'$ 的基础上证明以下定理 T：

T.　对于任何数 x，有一个数 y，使得 $x=y+y$。

比较用这种方法得到的结果和§60的说明。

*7.用上题中的定理 T 代替系统 $\mathfrak{A}'$ 中的公理 3′。证明这样得到的语句系统等价于系统 $\mathfrak{A}'$。

提示：为了从改变了的系统推演公理 3′，在 T 中以“$x+z$”代换“x”；由于公理 3′的假设，能够容易地证明，数 y 满足这个公理的结论。

*8.用借解释证明的方法证明：在去掉公理 1 以后，系统 $\mathfrak{A}'$ 成为互相独立的公理的一个系统。

*9.推广第 VIII 章练习第 2 题，给出公理系统 $\mathfrak{A}'$ 和 $\mathfrak{A}''$ 的一个几何解释。

*10.用逻辑符号写出系统 $\mathfrak{A}'$ 和 $\mathfrak{A}''$ 的所有公理。

11.减法运算和除法运算以及在第 VIII 章练习第 3 题中提到的一些运算在所有的数构成的集合中有没有右的或左的单位元素，或者简单地说，单位元素？点集的加法运算和乘法运算在所有点集的类中有没有单位元素？

*12.证明：在一个类中交换的任何运算在这个类中至多有一个单位元素。又，推广第 VIII 章练习第 24 题中得到的结果，证明以下群论定理：

如果类 K 是对于运算 O 的一个交换群，那么运算 O 在类 K 中恰恰有一个单位元素。

13.考虑加、减、乘、除和乘方五种算术运算。简明陈述这样一些语句，它们断定这些运算中的一个对于其他的运算是右分配的和左分配的（一共有 40 个这样的语句），并且判定其中哪些是真的。

14.就第 VIII 章练习第 3 题中引进的 **A**,**B**,**G** 和 **L** 四种运算，解和上题相同的问题。又，证明：在某一个数的集合中可行的每一个运算，在这个集合中对于运算 **A** 和 **B** 是右分配的和左分配的。

15.类的加法对于乘法是分配的吗？反过来，类的乘法对于加法呢？（参看第 IV 章练习第 15 题。）

16.第 4 题中列举的那些数的集合对于加法和乘法是域吗，或者对于这些运算和关系 $<$ 是有序域吗？

17.证明：由数 0 和 1 组成的集合，对于第 VIII 章练习第 6 题中定义的运算 $\oplus$ 和乘法是一个域。

18.找出在数 0,1 和 2 上的这样两种运算，使得这三个数组成的集合对于这两种运算构成一个域。

19.如何利用乘法定义符号“1”?

20.以下定理可以从系统$\mathfrak{A}''$的公理推演出来:

如果$0<x$,那么有一个数y,使得$x=y\cdot y$。

假设这个定理已经证明,利用它从系统$\mathfrak{A}''$的公理推演下列定理:

$x<y$,当且仅当,$x\neq y$,并且有一个数z,使得$x+z\cdot z=y$。

这个定理是否表明,§65中关于系统$\mathfrak{A}''$的基本词项的数目可能减少所作的说明正确无误?

*21.在系统$\mathfrak{A}''$的基础上证明第6题的定理T。比较这个证明和第6题中关于系统$\mathfrak{A}'$所提示的证明,两个证明中的哪一个比较困难和需要较多的逻辑概念的知识?

提示:为了从系统$\mathfrak{A}''$推演定理T,应用公理15″,但以“1+1”和“y”分别代换“y”和“z”(不过,首先必须证明1+1不同于0);如是得到一个数y,利用公理13″,17″和19″能够证明它满足定理T中所给的公式。

*22.从系统$\mathfrak{A}''$的公理推演系统$\mathfrak{A}''$的所有公理。

提示,为了推演出公理3′,可以假定第6题的定理T已经在系统$\mathfrak{A}''$的基础上证明(参看前一练习);由此用与第7题中相同的方法进行。

推荐的读物

在本书结束的时候，我们想向读者推荐一些著作，它们对加深与扩大本书所要求的知识是会有帮助的。在下面所列举的著作中，虽然没有一本是系统地全面地讨论了所有本书所谈到的问题，但是，事实上，目前教科书关于本书研究的这个领域所提供的文献，还是相当贫乏的，我们很难举出许多既明白易懂又具备应有的严格性的书。

亨丁顿著：《代数的基本命题》（*The Fundamental Propositions of Algebra*），J. W. 杨所编《有关初级的现代数学问题的论文集》（1911，纽约）中的第四本。

我们向对于本书最后两章所谈问题有兴趣的读者推荐这本书。读者将会发现，在这本书中，关于实数与复数算术公理基础的方法论研究的成果有一简要、准确与清楚的陈述。

路易士著：《符号逻辑研究》（*A Survey of Symbolic Logic*），巴克莱 1918 年（已绝版）。

这本书中关于系统的部分，虽已有些过时，但是，关于历史的部分，却是值得极力地推荐。因为，这本书对于现代逻辑的发展提供了许多重要的与有系统的知识。

路易士与兰福德（C. H. Langford）合著：《符号逻辑》（*Sym-*

bolic Logic)，纽约 1932 年。

这本书包含了关于符号逻辑与演绎科学方法论方面非常有意义与重要的材料，特别是语句演算与它的方法论的材料。然而，它不能作为逻辑与方法论的系统教科书，因为，关于逻辑与方法论的许多重要问题，它都没有涉及。路易士教授在《符号逻辑研究》那本书中所提出的有价值的历史材料，没有包含在这本书中。

罗素著：《数理哲学导论》(*Introduction to Mathematical Philosophy*)，伦敦 1921 年(2 版)。

这本书对于现代逻辑的那些最重要的概念给予了清楚与易懂的说明，特别是关于那些证明数学是逻辑的一部分必须应用的概念。尤其是，在我们这本书中没有讨论或只是粗浅地涉及的问题，如类型理论或有关无穷公理与选择公理的问题，在罗素这本书中都加以讨论。这本书可以作为研究下面要提到的《数学原理》的准备读物。

杨(J. W. Young)著：《关于代数与几何基本概念讲义》(*Lectures on Fundamental Concepts of Algebra and Geometry*)，纽约，1911 年。

在这本内容非常丰富的小书中，读者将会看到许多属于数学方法论领域的讨论与例证。此外，读者还可以从这本书中学习到一些关于一般集合论的基本概念。

乌德格(J. H. Woodger)著：《理论构造的技术》(*The Technique of Theory Construction*)，芝加哥，1939 年，统一科学的国际百科全书，第 2 卷，第 5 号。

这篇短的论文，通过一个具体例子，将使读者熟悉如何构造一个形式化的演绎理论的技术。这本书也包含了关于一般的方法论问题的讨论与关于应用演绎方法到经验科学的可能性与有效性的讨论。我们极力地推荐这本书,特别是推荐给那些对最后一个问题有兴趣的读者。

下面两本书比前面那些书要艰深得多:

卡尔纳普著:《语言的逻辑语法》(*The Logical Syntax of Language*),纽约与伦敦,1937 年。

这本书是重要的,但却是不容易读的。它的内容相当于我们在 § 42 中所谈到的演绎科学方法论。这本书的重点,放在演绎科学方法论的研究成果方面,还不如放在概念工具的推演方面多。这本书在系统与推演部分的处理上是颇为简略的,这要求读者在抽象的演绎的思考方面有相当大的能力,来填补书中的缺略,在有些地方,甚至来改正作者的论证。这本书特别值得推荐给那些对于方法论的研究的哲学意义有兴趣的读者。在这本书的整个篇幅中,读者将会看到许多有关上述问题的讨论,尤其是在这本书的最后部分,还会看到对上述问题的系统意见。

怀特海与罗素著:《数学原理》,共 3 卷,剑桥 1925 年和 1927 年,第 2 版。

这本书曾经多次在我们的书中被引用过。这本书无疑地是现代逻辑的最有代表性的著作。同时,就它所产生的影响而论,它给逻辑研究的发展划出了一个新的时代。作者的目的,是要构造一个完全的逻辑系统,这个逻辑系统将给数学基础提供一个充分的根据。这本书彻底地全面地完成了这个任务(虽然不是在每个细节上都合乎今天方法论的最严格的要求)。对于多数人,学习这本用很多符号语言写成的书，将会是不容易的，但是，对于任何一个人，如果他想获得关于现代逻辑所用的概念工具的透彻知识，这本书却是不可少的。

从外国文献中，我们推荐下面这些书，在英文中，与它们严格相当的著作，还是找不到的：

卡尔纳普著：《逻辑斯蒂纲要》(*Abriss der Logistik*)，维也纳，1929 年《科学世界观论文》(*Schriften zur Wissenschaftlichen Weltauffassung*)卷 2。

这本书虽然很短，但是，它给了现代逻辑的所有重要概念一个清楚的考察，因而，它是上面所提到的那本《数学原理》的通俗化。此外，在这本书中，我们可以看到一些应用逻辑概念与方法到其他科学中的有意义的例子。

格来林(K. Grelling)著：《集合论》(*Mengenlehre*)，莱比锡与柏林，1924 年(《数学与物理丛书》，卷 58)。

如果读者想知道集合论一般理论的最重要概念与根本性成果，而又不想致力于更深入的研究，我们向读者推荐这本容易读懂的小书。

希尔伯特与阿克曼著：《数理逻辑纲要》(*Grundzüge der theoretischen Logik*)，柏林 1938 年，第 2 版《数理科学基础理论》(*Grundlehren der mathematischen Wissenschaften*)，卷 27。

这本书概述了数理逻辑的那些初步的与基本的部分，并且讨论了这些部分的最重要的方法论问题。这本书既严格又易懂，可以作为系统地与深入地研究逻辑与方法论的入门书。

萧尔兹(H. Scholz)著：《逻辑史》(*Geschichte der Logik*)，柏

林，1931 年(《分科哲学史》，卷 4)。

这本书对于逻辑从古代直到今天的发展给予了历史的叙述。作者对于现代逻辑的广泛的作用的相信，渗透在这书的每一页中。文体的生动与鲜明，使得这本书甚至对一般人也是富有吸引力的。

希尔伯特与贝尔纳斯著：《数学基础》(*Grundlagen der Mathematik*)，共 2 卷，1934 年与 1939 年《数理科学基础理论》(*Grundlehren der mathematischen Wissenschaften*)，卷 40 与 50。

这本书对数学方法论迄今所获得的较为重要的成果给予了一个丰富的、虽然不是全面的陈述(这里数学方法论是 § 42 所谈的那个意义)。由于作者在方法论方面的理论观点，这本书的重点，是放在用所谓构造论方法所获得的那些研究成果上。对这本书(在同类书中，它是唯一的)没有透彻的研究，就很难在方法论的领域中能够进行独立的研究工作。在读这本书时，是会碰到一些困难的，读者会感到，这本书中材料为什么如此安排的理由不是很明显的；但是，从这本书所陈述的都是最新的研究成果与这本书所涉及的又是一个正在迅速发展的领域这个事实来看，上述那些缺点毕竟是很难避免的。

最后我们要提到一下，在美国有一个特别的社团，即符号逻辑学会，它联合了逻辑与方法论方面的所有科学工作者。从 1936 年起，这个学会发行了一种季刊：《符号逻辑杂志》(*Journal of Symbolic Logic*)，车尔赤与纳盖主编。这个杂志既登载创造性论文，也登载关于目前逻辑文献的评论。这个期刊的卷 1 中有一篇车尔赤编纂的详尽的目录，包括了 1935 年以前数理逻辑的全部著作，在卷 3(1938)中又补充了这个目录。

索　　引

这个索引包含着在这本书中用于专门意义的最重要的词项和表达式以及正文中所列举的一些科学家的名字。跟在一个词项后面的方括弧包含着在本书中用作与该词项同义的一些表达式。

所有的数字都指明页码。粗体数字指明主要的词项和最重要的页码。

一　画

二　画

三　画

四　画

五　画

六　画

七　画

八 画

九　画

十　画

十一画

十二画

十三画

十四画

十五画

十七画

十九画

译者后记

塔尔斯基(1902—,原籍波兰,1945年入美国籍)的《逻辑与演绎科学方法论导论》,是一本颇为流行的数理逻辑入门书。1936年以波兰文出版。1937年译成德文,1940年又译成英文,在1946年的英文译本中,著者又作了一些小的修改。1948年又译成俄文。后来陆续译成多种文字。我们这个译本,是根据1946年英文译本译出的。

本书第一章至第五章,是周礼全翻译的。第六章,是吴允曾翻译的。第七章至第十章,是晏成书翻译的。其中部分译稿曾由顾寿观校订过。序言和索引是承商务印书馆编辑部协助翻译编制的。

译　者

1962年4月

图书在版编目(CIP)数据

逻辑与演绎科学方法论导论/(波兰)塔尔斯基(Tarski,A.)著;周礼全,吴允曾,晏成书译. —北京:商务印书馆,1963.4(2024.7重印)
(汉译世界学术名著丛书)
ISBN 978-7-100-00520-3

Ⅰ. ①逻… Ⅱ. ①塔… ②周… ③吴… ④晏…
Ⅲ. ①数理逻辑—概论②演绎推理—方法论—概论
Ⅳ. ①O141②B812.23

中国版本图书馆CIP数据核字(2009)第239250号

汉译世界学术名著丛书
逻辑与演绎科学方法论导论
〔波兰〕塔尔斯基 著
周礼全 吴允曾 晏成书 译

商 务 印 书 馆 出 版
(北京王府井大街36号 邮政编码100710)
商 务 印 书 馆 发 行
北京虎彩文化传播有限公司印刷
ISBN 978-7-100-00520-3

1963年4月第1版 开本850×1168 1/32
2024年7月北京第7次印刷 印张8⅝
定价:48.00元